心理学史

（彩色图解版）

THE HISTORY OF PSYCHOLOGY

[英] 萨拉－杰妮·布莱克莫尔 等 主编
（Sarah-Jayne Blakemore）
应文渊 安 平 译
赵 刚 审

人民邮电出版社

北 京

图书在版编目（CIP）数据

心理学史：彩色图解版 / （英）萨拉-杰妮·布莱克
莫尔（Sarah-Jayne Blakemore）等主编；应文渊，安平译
. -- 北京：人民邮电出版社，2024.8
　ISBN 978-7-115-62829-9

Ⅰ. ①心… Ⅱ. ①萨… ②应… ③安… Ⅲ. ①心理学
史—世界 Ⅳ. ①B84-091

中国国家版本馆CIP数据核字(2023)第189841号

内 容 提 要

　　什么是心理学？心理学有什么用？心理学家都做些什么？关于心理学，人们有着诸多误解，也有
着诸多疑问。尽管心理学相较于其他社会科学仍是一门较为年轻的学科，但当今心理学家所关注的大
多数问题，在几百年前甚至几千年前就已经成为学者们的研究主题。本书站在客观、公允的立场来介
绍心理学史，为我们开启了了解心理学的奇幻之旅。作者团队对心理学的各家各派学说不存偏见，不
厚此薄彼，均给予客观、公允的介绍与评述，力求准确地阐释心理学为什么产生和独立，为什么发展
和演变，以及当下心理学发展的动态与前景是什么。另外，书中配有大量全彩图示和对知识点的分拆
讲解，有助于丰富读者的感官体验，帮助读者轻松了解心理学与日常生活的关系。

　　本书适合对心理学感兴趣的读者，尤其是青少年读者阅读。

◆ 主　　编　［英］萨拉-杰妮·布莱克莫尔（Sarah-Jayne Blakemore）等
　　译　　　应文渊　安平
　　审　　　赵刚
　　责任编辑　姜珊　陈斯雯
　　责任印制　彭志环
◆ 人民邮电出版社出版发行　　北京市丰台区成寿寺路11号
　　邮编 100164　电子邮件 315@ptpress.com.cn
　　网址 https://www.ptpress.com.cn
　　临西县阅读时光印刷有限公司印刷
◆ 开本：880×1230　1/24
　　印张：8.33　　　　　　　　　　2024 年 8 月第 1 版
　　字数：150 千字　　　　　　　　2024 年 8 月河北第 1 次印刷
　　著作权合同登记号　图字：01-2022-2808 号

定　价：49.80 元
读者服务热线：（010）81055656　印装质量热线：（010）81055316
反盗版热线：（010）81055315
广告经营许可证：京东市监广登字20170147号

目录

第一章　何为心理学

……从多个角度观察行为和心理过程。

——菲利普·津巴多（Philip Zimbardo）

早在有文字记载的历史以前，人们就对自身和周围的世界感到好奇。他们想知道思想是如何工作的，是什么让人们产生了爱或恨，以及人们是如何学习语言的，由此便产生了心理学。

19世纪前，只有哲学家才会考虑关于"心智"的问题。对很多人来说，"心智"与"灵魂"一样无法理解。最早试图科学地研究心理过程的生理学家，他们对大脑和神经系统的运作很感兴趣。直到1879年，威廉·冯特（Wilhelm Wundt,）在德国莱比锡（Leipzig）创立了首个心理学实验室，心理学才成为一门独特的学科。仅仅四年后，G. 斯坦利·霍尔（G. Stanley Hall）在美国的约翰霍普金斯大学（Johns Hopkins University）建立了一个类似的实验室。

早期的心理学既受客观事实的指导，也受人们信仰的指导。

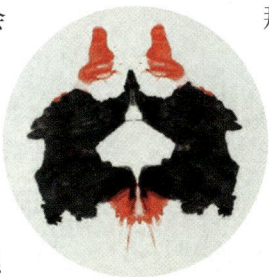

图为一个墨迹测试的例子。看到这些刺激物的人被要求描述他们所看到的东西，而他们的描述往往揭示了他们的性格。对许多人来说，这个测试概括了心理学的本质——它告诉我们一些我们本来不知道的关于自身的事情。

那些对心智如何运作或心智应如何研究持有特定看法的人形成了各种思想"学派"，这些学派的观点通常会渗透至流行文化中，在社会上引起更大的动静。

结构主义（Structuralism）基于冯特的实验性工作。它采用机械化方式来理解心理过程，将心理过程解析为不同的组成部分。

机能主义（Functionalism）源于威廉·詹姆斯（William James）的著作。它认为，理解心智的结构不如理解其目的或功能重要。

格式塔心理学（Gestalt psychology）产生于1910年，它提出思想和经验的整体，向仅关注心理过程组成部分的结构主义提出挑战。格式塔心理学家主要研究视觉感知，同时也将他们的思想扩展到其他领域。例如，在治疗方面，基于格式塔心理学的疗法试图处理患者生活的方方面面，成为现代"家庭治疗"的基础。

精神分析（Psychoanalysis）基于西格蒙德·弗洛伊德（Sigmund Freud）医生的研究，他认为无意识的心理过程会导致神经性焦虑和精神疾病。他对许多行为的解释都被用作社会政策。

行为主义（Behaviorism）由约翰·B. 华生（John B. Watson）在 20 世纪 20 年代创立，并由 B. F. 斯金纳（B. F. Skinner）进一步发展。两人都认为，心理学家应该只研究可观察的行为，拒绝那些声称可以识别内心过程的方法。行为主义在教育领域影响广泛，并渗透到社会政策中，它推广了这样一种观点：学习源于"重复"；人类的多数行为可以通过适当的"强化"来控制。

人本主义心理学（Humanistic psychology）接受了现象学的观点，是对精神分析和行为主义的一种回应。它提出，人们既不受无意识过程的控制，也不受条件反射的影响，而是具有自由意志，能够自己解决自己的问题。基于这些观点，卡尔·罗杰斯（Carl Rogers）提出一种治疗方法，让治疗师帮助患者找到自己的解决方案。该疗法衍生出各种形式的团体治疗和自助运动。

心理学的研究及其众多流派对社会产生了巨大影响。弗洛伊德认为，许多社会问题是由性压抑造成的，这一观点可能为 20 世纪 20 年代社会态度的自由化提供了支持。行为主义提供了一种支持专制的社会观点，即人是可以被"纠正"的，并且个人可以被社会操纵。相反，人本主义提供了一种基于个人价值的价值体系，该体系似乎削弱了社会中的竞争理论。

认知心理学（Cognitive psychology）作为反对行为主义局限性的一场革命产生于 20 世纪中期。心理学家回归到对心智运作机制的研究，但他们的研究是通过对外在行为的客观衡量而进行的。认知心理学亦将心理学和科学更为紧密地联系在一起，它秉持一种更为平等的人类观，认为无论人的习得经验如何，都具有共同的认知能力。

20 世纪 90 年代，心理学领域最重要的变化可能是跨学科研究方法的增多。许多心理学家和生理学家密切合作，试图将人类行为与有关大脑和神经系统生物学的新

心理学的重要议题之一是关注早期生活经历对个人发展的影响。儿童是如何学习的？是什么造成了其后期生活中的问题行为？诸如此类的问题可以从很多不同的角度来解决。

知识联系起来。新的大脑成像工具使研究人员有可能观察到在各种心理活动中大脑的哪些部分表现活跃。人们曾对感知或解决问题进行过理论研究，新的技术有可能使人们可以观测到感官输入的变化如何改变心理过程。

进化心理学（Evolutionary psychology）是最新的领域之一，对其他学科的影响也越来越大。科学的进步意味着心理学家可以研究遗传对行为的影响，因此一些心理学家提出，利于生存的行为可能会如身体特征一样遗传下来。

心理学也通过与其他学科进行联系而获得发展。心理学跨学科合作的例子包括与计算机科学家合作建立心理过程的计算机模型；与语言学家合作研究人类如何学习说话、阅读和写作；与人类学家合作研究文化如何影响人的行为。心理学也会比较和对比不同社会中人的思维过程、社会态度和人的行为，以理解社会及其基于种族、性别或社会阶层等因素所赋予的角色如何影响行为。

认知科学结合了认知心理学、神经生理学和计算机科学，几乎成为一门独立学科。

因此，在被许多人认为是错误的开始且偏离了主题之后，心理学已经发展成为一门有序的实验科学，它降低了对传统心理学流派的重视程度。然而，传统心理学的痕迹确实存在，尤其是在应用心理学中。例如，心理治疗师可能会采用行为矫正法、卡尔·罗杰斯的患者中心治疗法，或精神动力疗法（精神分析的现代形式）。有些心理治疗师甚至称自己为"折中主义者"，会采用任何有效的方法。研究人员可能采用各种标签，但只专注于收集数据和了解心智，而不尝试提出特定理论。与其说"折中主义者"是按照理论阵营来归类的，不如说他们是按照研究对象来归类的。

心理学发展时间线

哲学和文化背景

公元前 570 年—公元前 500 年　毕达哥拉斯（Pythagoras）提出了身体和不朽的心智（灵魂）的二元论。

公元前 540 年—公元前 480 年　赫拉克利特（Heraclitus）讨论了心灵和情感。

公元前 500 年—公元前 428 年　阿那克萨哥拉（Anaxagoras）发展了他的理性理论。

公元前 492 年—公元前 432 年　恩培多克勒（Empedocles）提出了一种感知理论。

公元前 460 年—公元前 377 年　希波克拉底（Hippocrates）提出了各种各样的医学理论，他更喜欢观察而非抽象推理。

公元前 470 年—公元前 399 年　苏格拉底（Socrates）质疑客观真理的存在。

公元前 428 年—公元前 348 年　柏拉图（Plato）发展了他的理念论和三重精神理论。

公元前 384 年—公元前 322 年　亚里士多德（Aristotle）撰写了《论灵魂》（*Peri Psyches*），讨论心灵的能力。他也研究行为学，发展出一些导致经验主义的思想。

公元前 200 年　婆罗多（Bharata）在《舞论》（*Natyasastra*）中讨论了拉莎理论。

公元前 100 年　尤利乌斯·凯撒（Julius Caesar）写了一些关于语法的文章。

公元 400 年—1450 年　中世纪宗教和迷信盛行。

7 世纪　佛教得以发展。

8 世纪　阿拉伯人为精神病患者建立了收容所。

13 世纪　托马斯·阿奎那（Thomas Aquinas）否认了先天观念的可能性。佛教在日本传播。

1247 年　伯利恒医院在英国伦敦成立。

15 世纪　欧洲第一家精神病院成立。

14 世纪—16 世纪　文艺复兴时期的教会权力被削弱，对心灵的研究重新焕发活力。

1506 年　克罗地亚人马可·马鲁利克（Marco Marulik）首次使用心理学（psychology）这个术语。

16 世纪—17 世纪　科学飞速发展。首批哲学学院出现。

1581 年　理查德·马尔卡斯特（Richard Mulcaster）出版了《职位》（*Positions*），引入了术语"先天"（nature）和"后天"（nurture）。

17 世纪初　勒内·笛卡儿（René Descartes）提出身体和心智是分开的二元论。

17 世纪中期　巴鲁赫·斯宾诺莎（Baruch Spinoza）发展了心身平行论。

印度的阿克巴（Akbar）测试了孤立对语言学习的影响。

1690 年　约翰·洛克（John Locke）出版了《人类理解论》（*An Essay Concerning Human Understanding*）。

18 世纪中后期　美国精神病学发展起来，本杰明·拉什博士（Dr. Benjamin Rush）提倡道德疗法。

1741 年　约翰·卡斯帕·拉瓦特（Johann Kaspar Lavater）首次使用面部表情诊断精神疾病。

18 世纪 90 年代　弗朗茨·约瑟夫·加尔（Franz Joseph Gall）提出了颅相学。

1793 年　菲利普·皮内尔（Philippe Pinel）提倡人道治疗。

1796 年　英国约克疗养中心收治了第一批患者。

1813 年　塞缪尔·图克（Samuel Tuke）报道了精神病院恶劣的治疗方式。

19 世纪中期　约翰·康诺利（John Connolly）坚持改变对精神病患者的治疗方法。

19 世纪后期　西方心理学家和人类学家对文化进行了从现代到原始的分类。

1883 年　埃米尔·克雷珀林（Emil Kraepelin）开始撰写《疾病分类》（*Classification of Disorders*）。

20 世纪初　殖民活动削弱了非洲和亚洲的内生心理。

1905 年　阿尔弗雷德·比奈（Alfred Binet）和萨默多尔·西蒙（Théodore Simo）设计了智力测验。

20 世纪 20 年代　人类学家布罗尼斯拉夫·马林诺夫斯基（Bronislaw Malinowski）强调了行为的文化特殊性。

20 世纪 40 年代　克洛德·列维 - 斯特劳斯（Claude Lévi-Strauss）认为原始心智的概念是一个神话。一些心理学家开始将内源性心理学与西方的观点相提并论。

1970 年　斯坦利·苏（Stanley Sue）发现传统的心理治疗排除了部分美国人。

20 世纪 80 年代　沃尔夫冈·M. 法伊弗（Wolfgang M. Pfeiffer）和 A. 克莱曼（A. Kleinmann）声称，用西方的方法来理解文化障碍是不可能的。

1994 年 大卫·松本（David Matsumoto）提出个人主义社会不太关心人们的社会责任。

如今 跨文化视角更具影响力；精神病学和心理学成为不同的学科。

科学背景

18 世纪至 19 世纪 生理学、物理学和化学发展起来。

1801 年 托马斯·杨（Thomas Young）提出色彩感知理论。

19 世纪初 恩斯特·韦伯（Ernst Weber）将生理刺激与心理体验联系起来。

19 世纪中期 古斯塔夫·费希纳（Gustav Fechner）研究了感知阈值。约翰内斯·P. 穆勒（Johannes P. Müller）和赫尔曼·亥姆霍兹（Hermann Helmholtz）研究了知觉和感觉。

1803 年 约翰·道尔顿（John Dalton）发明了原子量表。

19 世纪 40 年代 哈洛医生（Dr. Harlow）报告了菲尼亚斯·盖奇（Phineas Gage）的病例。

1842 年 赫尔曼·亥姆霍兹开始研究神经和神经纤维。

1856 年 亥姆霍兹提出知觉的经验理论。

1861 年 皮埃尔-保罗·布洛卡（Pierre-Paul Broca）开始研究患者"Tan"的脑损伤对语言的影响。

1874 年 卡尔·韦尼克（Carl Wernicke）对失语症有了进一步发现。

19 世纪 80 年代 查尔斯·谢林顿（Charles Sherrinton）提出了脑代谢和血液流动之间的联系。

1882 年 让-马丁·沙尔科（Jean-Martin Charcot）开设了一家神经病学诊所，并采用了临床解剖学方法。

19 世纪后期 科学家们意识到大脑的左半球皮层与语言功能有关。

1906 年 拉蒙·卡哈尔（Ramony Cajal）证明神经系统是由单个神经元（神经细胞）组成的。

1924 年 汉斯·伯格（Hans Berger）首次记录脑电图。

20 世纪 30 年代 伯格发现并研究 α 波。

1936 年 沃尔特·弗里曼（Walter Freeman）开创了前额叶切除术。

1939 年—1945 年 第二次世界大战期间，医生将脑损伤与能力丧失联系起来。

20 世纪 50 年代 生理学家将大脑定义

为一个巨大的并行处理系统。布伦达·米尔纳（Brenda Milner）确定了海马体在记忆中的作用。

20 世纪 50 年代　医院经常使用脑电图来检测大脑异常。

正电子发射断层扫描（PET）研制成功。

1949 年　唐纳德·赫布（Donald Hebb）开始进行神经网络研究。

1953 年以后　心理学家开始研究癫痫手术引起的记忆缺陷。

20 世纪 60 年代　罗杰·斯佩里（Roger Sperry）开始进行分脑实验。

1968 年　大卫·科恩（David Cohen）对大脑进行脑磁图扫描。

20 世纪 70 年代　伊丽莎白·沃灵顿（Elizabeth Warrington）描述了知识类别的选择性损失。

1972 年　戈弗雷·洪斯菲尔德（Godfrey Hounsfield）和艾伦·科马克（Allan Cormack）发明 CT 扫描。

1975 年　科学家使用视觉刺激进行了第一次脑磁图实验。

20 世纪 80 年代后期　功能性核磁共振脑成像技术得以发展。

玛尔塔·库塔（Marta Kutas）和史蒂文·希利亚德（Steven Hillyard）发现 N400 波。

20 世纪 90 年代　功能性脑部扫描被广泛应用。

20 世纪 90 年代末　安德里亚斯·克兰施米特（Andreas Kleinschmidt）使用功能性磁共振成像（fMRI）来研究感知转换过程中的大脑活动。

2001 年　伯克哈德·梅斯（Burkhard Maess）使用脑磁图研究受试者听到不和谐和弦时的大脑活动。

结构主义

1858 年　威廉·冯特成为赫尔曼·亥姆霍兹的助手。

1862 年　在韦伯和费希纳的启发下，冯特首次讲授心理学，并将其确立为一门独特的学科。

1873 年—1874 年　冯特出版了《生理心理学原理》（*Principles of Physiological Psychology*），概述了大脑模型。

1879 年　冯特建立了第一个心理学实验室，并使用内省来研究感觉和知觉。他还发展了他的基本主义和联想理论。

1881 年　冯特创办了一本心理学研究杂志。

1892 年　爱德华·布拉德福德·铁钦纳（Edward Bradford Titchener）在莱比锡大学（University of Leipzig）获得博士学位。

1898 年　铁钦纳开始推广结构主义。

1912 年　铁钦纳出版了《内省图式》（*The Schema of Introspection*）。

1929 年　E.G. 波林（E. G. Boring）出版了《实验心理学史》（*History of Experimental Psychology*），支持结构主义。

20 世纪 20 年代　行为主义流行，结构主义衰落。

机能主义

1867 年　威廉·詹姆斯在亥姆霍兹门下学习生理学。

1875 年　詹姆斯教授心理学。

1890 年　詹姆斯在《心理学原理》（*Principles of Psychology*）中概述了自我的概念并确定了意识。

1896 年　约翰·杜威（John Dewey）发表了论文《心理学中的反射弧概念》（The Reflex Arc Concept in Psychology）。

1902 年　杜威出版了《儿童与课程》（*The Child and the Curriculum*）。

1904 年　詹姆士·罗兰德·安吉尔（James Rowland Angell）出版了《心理学：人类意识结构和功能导论》（*Psychology: An Introductory Study of the Structure and Function of Human Consciousness*）。

玛丽·惠顿·卡尔金斯（Mary Whiton Calkins）当选为美国心理学会的首位女主席。

1907 年　詹姆斯出版了《实用主义：一些旧思想方法的新名称》（*Pragmatism; A New Name for Old Ways of Thinking*）。

1904 年　詹姆斯出版《意识是否存在》（*Does Consciousness Exist?*）。

1925 年　哈维·A. 卡尔（Harvey A. Carr）在《心理学：心理活动的研究》（*Psychology: A Study of Mental Activity*）中提出行为是适应性的。

20 世纪 20 年代　机能主义被其他心理学领域所吸收，如智力测试、教育和临床心理学。

格式塔心理学

1910 年　马克斯·韦特海默（Max Wertheimer）研究似动现象（phi phenomenon）。

1912 年　韦特海默、沃尔夫冈·科勒（Wolfgang Köhler）和库尔特·科夫卡（Kurt Koffka）发表了论文《似动现象的实验研究》（Experimental Studies of the Perception of Movement）。

1917 年　科勒研究了黑猩猩的洞察力。

1920 年　韦特海默和科勒创办了《心理学研究》（*Psychological Research*）杂志。

1923 年　韦特海默发表了论文《形式理论》（Theory of Form）。

1927 年　鲁道夫·阿恩海姆（Rudolf Arnheim）访问包豪斯（Bauhaus）。

1929 年　韦特海默在德国法兰克福大学（Frankfurt University）任教。

1930 年—1931 年　卡尔弗里德·杜克海姆（Karlfried Dürckheim）在包豪斯讲课。

1933 年—1935 年　韦特海默、科勒和科夫卡逃离德国。

1935 年　科夫卡出版了《格式塔心理学原理》（*Principles of Gestalt Psychology*）。

1954 年　鲁道夫·阿恩海姆出版了《艺术与视知觉》（*Art and Visual Perception*）。

1947 年—1969 年　弗里茨·珀尔斯（Fritz Perls）和劳拉·珀尔斯（Laura Perls）在美国发展格式塔疗法。

如今　格式塔疗法在很大程度上被其他领域所吸收。

精神分析

1869 年　爱德华·冯·哈特曼（Eduard von Hartmann）出版了《无意识哲学》（*Philosophy of the Unconscious*）。

1885 年—1886 年　弗洛伊德师从让-马丁·沙尔科，沙尔科使用催眠术治疗癔症。

19 世纪 90 年代　弗洛伊德在维也纳（Vienna）与约瑟夫·布罗伊尔（Joseph Breuer）一起开发了癔症的"谈话疗法"。

1894 年　弗洛伊德发表了论文《防御型精神神经症》（The Psychoneuroses of Defense）。

1900 年　弗洛伊德出版了《梦的解析》（*The Interpretation of Dreams*）。

1906 年　卡尔·古斯塔夫·荣格（Carl Gustav Jung）使用词语联想法进入无意识。

1909 年　弗洛伊德发表了小汉斯（Little Hans）的案例。

1911 年　阿尔弗雷德·阿德勒（Alfred Adler）与弗洛伊德决裂，开始研究目标和育儿。

1913 年　荣格发展了一个强调象征主义的理论。

1918 年　梅勒妮·克莱因（Melanie

Klein）开始将精神分析应用于儿童。

1919 年 弗洛伊德开始讨论死亡本能。

20 世纪 20 年代 安娜·弗洛伊德（Anna Freud）发展自我心理学；克莱因和安娜就儿童精神分析展开争论。

1926 年 克莱因迁居伦敦并发展了游戏疗法。

1927 年 埃里克·埃里克森（Erik Erikson）开始在安娜手下接受培训。

20 世纪 30 年代 玛格丽特·马勒（Margaret Mahler）将精神分析和发展心理学相结合。

1935 年 安娜出版了《自我与防御机制》（*The Ego and the Mechanisms of Defense*）。

1939 年 海因茨·哈特曼（Heinz Hartman）和恩斯特·克里斯（Ernest Kris）发展了安娜的想法。

20 世纪 40 年代 埃里希·弗洛姆（Erich Fromm）发展了人本主义精神分析。

1947 年 多萝西·伯林厄姆（Dorothy Burlingham）和安娜建立了培训中心。

1950 年 埃里克森在《童年与社会》（*Childhood and Society*）一书中讨论了他提出的社会导向自我心理学。

20 世纪 50—60 年代 自我心理学因其研究方法而受到批评。

20 世纪 50 年代 雅克·拉康（Jacques Lacan）把重点放在研究语言和人类学上。

1971 年 海因茨·科胡特（Heinz Kohut）发展了自我心理学，引入自恋的自我客体的概念。

1973 年 弗洛姆出版了《人类破坏性解剖学》（*Anatomy of Human Destructiveness*）。

20 世纪 80 年代 斯蒂芬·A. 米切尔（Stephen A. Mitchell）发展了集成关系模型，并引入了关系矩阵。

如今 精神分析仍然很流行。

行为主义

1900 年 伊万·巴甫洛夫（Ivan Pavlov）研究了狗的条件反射。

E. L. 桑代克（E. L. Thorndike）用迷箱研究动物的学习能力，并提出了"效果律"。

约翰·华生研究了老鼠的学习能力。

1903 年 巴甫洛夫发表了他关于经典条件反射的发现。

桑代克出版了第一版的《教育心理学》（*Educational Psychology*）。

1911 年 桑代克出版了《动物智慧》（*Animal Intelligence*）。

1913 年　华生发表了论文《行为主义者眼中的心理学》（Psychology as the Behaviorist Views It）。

1914 年　华生出版了他颇具影响力的教科书《行为》（Behavior）。

1920 年　华生和罗莎莉·雷纳（Rosalie Rayner）发表了论文《条件情绪反应》（Conditioned Emotional Reactions）。

20 世纪 20 年代　行为主义成为主导学派。

1925 年　华生出版了《行为主义》（Behaviorism），将对老鼠的研究确立为研究人类行为的有用模型。

1928 年　华生出版了《婴幼儿心理卫生》（Psychological Care of Infant and Child）。

1935 年　斯金纳区分了巴甫洛夫的经典条件反射和操作性条件反射。

1938 年　斯金纳在《生物体的行为》（The Behavior of the Organism）中讨论操作性条件反射。

1948 年　斯金纳出版了《瓦尔登湖 2》（Walden Two），讲述了一个虚构的基于行为调节的乌托邦社会。

1953 年　行为矫正疗法选择以斯金纳的《科学与人类行为》（Science and Human Behavior）为基础。

1962 年　安东尼·伯吉斯（Anthony Burgess）出版了《发条橙》（A Clockwork Orange）。

20 世纪 70 年代　早期厌恶疗法开始流行。

1971 年　斯金纳出版了《超越自由与尊严》（Beyond Freedom and Dignity）。

1972 年　鲍勃·雷斯科拉（Bob Rescorla）和艾伦·瓦格纳（Alan Wagner）设计了雷斯科拉 - 瓦格纳规则，这是一个用于老鼠学习的数学方程。

1985 年　詹姆斯·麦克勒兰德（James McLelland）和大卫·鲁梅哈特（David Rumelhart）提出了计算机学习的德尔塔规则。

1999 年　玛丽亚·皮拉（Maria Pilla）和其同事发表了他们对大鼠可卡因成瘾的研究结果。

现象学与人本主义

1913 年　埃德蒙·胡塞尔（Edmund Husserl）概述了现象学方法。

20 世纪 40 年代　夏洛特·布勒（Charlotte Bühler）概述了人类的四种基本倾向。

1942 年　卡尔·罗杰斯在《咨询和心理治疗》（Counseling and Psychotherapy）中

概述了自我实现的概念。

1945 年 莫里斯·梅洛-庞蒂（Maurice Merleau-Ponty）出版了《知觉现象学》（*Phenomenology of Perception*）。

1951 年 亚伯拉罕·马斯洛（Abraham Maslow）被布兰迪斯大学（Brandeis University）聘用。

马斯洛发展了他的人类需求层次理论。

1957 年 阿尔伯特·艾利斯（Albert Ellis）开设了理性生活研究所。

1959 年 罗洛·梅（Rollo May）、阿内斯特·安吉尔（Arnest Angel）和亨利·埃伦斯伯格（Henri Ellensberger）将存在主义心理学引入美国。

1961 年 《人本主义心理学杂志》（*Journal of Humanistic Psychology*）第一版出版。

1963 年 罗杰斯成立了个人研究中心。

1968 年 马斯洛出版了《存在主义心理学探索》（*Toward a Psychology of Being*）。

1969 年 罗洛·梅出版了《爱与意志》（*Love and Will*）。

如今 现象学和人本主义心理学仍具有影响力。

语言、计算机和认知心理学

1921 年 让·皮亚杰（Jean Piaget）在《心理学杂志》（*Journal de Psychologie*）上发表了他关于智力的第一篇文章。

1936 年 阿兰·图灵（Alan Turing）提出了图灵测试的概念。

1948 年 约翰·冯·诺伊曼（John von Neuman）将大脑比作计算机，卡尔·S.拉什利（Karl S. Lashley）认为行为主义无法解释语言。

诺伯特·韦纳（Norbert Wiener）在《控制论》（*Cybernetics*）中讨论反馈。

1949 年 马克斯·纽曼（Max Newman）制造了第一台全电子存储程序电子计算机。

1956 年 杰罗姆·布鲁纳（Jerome Bruner）、乔治·米勒（George Miller）和赫伯特·西蒙（Herbert Simon）恢复了对心智研究的兴趣。

信息理论研讨会在麻省理工学院举行。诺姆·乔姆斯基（Noam Chomsky）展示了他的论文《语言的三种模型》（*Three Models of Language*），为思维研究提供了一个起点。

西蒙、艾伦·纽厄尔（Allen Newell）和J.C.肖（J. C. Shaw）在达特茅斯（Dartmouth）演示逻辑理论家（Logic Theorist）。

1957 年 乔姆斯基出版了《句法结构》

（*Syntactic Structures*）。

弗兰克·罗森布拉特（Frank Rosenblatt）设计了感知机。

西蒙、纽厄尔和肖开发了一般问题解决器。

1959 年　乔姆斯基在他的《斯金纳语言行为评论》（*Review of Skinner's Verbal Behavior*）中攻击行为主义方法。

1960 年　认知研究中心在哈佛成立。

20 世纪 60 年代　沃尔夫冈·科勒表明黑猩猩可以用洞察力来解决问题。

亚历山大·鲁利亚（Alexander Luria）介绍了由几个大脑区域组成的功能系统的概念。

1965 年　布鲁斯·布坎南（Bruce Buchanan）开发专家系统 DENDRAL。

1966 年　沃森（Wason）发展了他的四卡片选择任务。

1969 年　马文·明斯基（Marvin Minsky）和西摩·佩珀特（Seymour Papert）的批评阻碍了神经网络的研究。

20 世纪 70 年代　心理语言学家对乔姆斯基的理论进行了测试，发现语言的产生涉及大脑内部的分工。

1971 年　第一版 HEARSAY 研制成功。

1973 年　MYCIN 研制成功。

1974 年　感知机的"反向传播"版本重新引起了人们对神经网络的兴趣。

1976 年　乌尔里克·奈塞尔（Ulric Neisser）在《认知与现实》（*Cognition and Reality*）中批判了认知心理学的线性规划模型。

1976 年　理查德·杜达（Richard Duda）开发专家系统 PROSPECTOR。

1980 年　纽厄尔认为智能行为只能由符号处理设备产生。

20 世纪 80 年代　认知神经心理学作为一门学科出现。

1982 年　大卫·马尔（David Marr）所著的《视觉》（*Vision*）出版，他表明只有理解了控制复杂金属活动的规律和原则，才能理解认知。

1983 年　在《心理的模块性》（*The Modularity of the Mind*）一书中，杰瑞·福多（Jerry Fodor）提出心智由各种信息处理设备组成。

霍华德·加德纳（Howard Garner）出版了《智能的结构：多元智能理论》（*Frames of Mind: The Theory of Multiple Intelligences*）一书。

纽厄尔提出了 SOAR，一个提供统一认知理论的程序。

1986 年 大卫·鲁梅哈特、詹姆斯·麦克勒兰德（James McClelland）及其同事开发了联结主义模型，为信息记忆方式提供了新的见解。

1987 年 第一届神经网络国际会议举办。

20 世纪 90 年代 安东尼奥·达马西奥（Antonio Damasio）研究了情绪对认知的影响。

成像技术的进步使心理学家能够确定神经和解剖过程。

1994 年 迈克·奥克斯福德（Mike Oaksford）和尼克·查特（Nick Chater）表明概率会影响推理。

1996 年 语言学习的统计性质得到强调。

1997 年 "深蓝"（Deep Blue）在国际象棋比赛中击败加里·卡斯帕罗夫（Garry Kasparov）。

1999 年 哥德·吉尔伦尔（Gerd Girgenzer）在《简捷启发式：让我们更精明》（*Simple Heuristics That Make Us Smar*）中引入了思维捷径的概念。

如今 认知运动仍然占主导地位。

进化心理学

1859 年 查尔斯·达尔文（Charles Darwin）出版了《物种起源》（*On the Origin of Species*）。

19 世纪 60 年代 格雷戈尔·孟德尔（Gregor Mendel）研究豌豆植物的遗传。

1869 年 弗朗西斯·高尔顿（Francis Galton）出版了《遗传的天才》（*Hereditary Genius*）。

1871 年 达尔文出版了《人类的由来及性选择》（*The Descent of Man and Selection in Relation to Sex*）。

19 世纪后期 社会达尔文主义者用自然选择理论为社会压迫作辩护。

1900 年 孟德尔的工作被重新发现和解释。

20 世纪 20 年代 基因决定论被用来为社会政策作辩护。

20 世纪 50 年代末 诺姆·乔姆斯基提出人类天生就有语言系统。

20 世纪 60 年代中期 约翰·加西亚（John Garcia）认为有些行为是天生的。

凯勒·布里兰（Keller Breland）和玛丽安·布里兰（Marian Breland）在《生物体的不当行为》（*The Misbehavior of Organis-*

ms）一书中指出，很多行为都是本能的。

哈里·哈洛（Harry Harlow）得出结论，并非所有的行为都是习得的。

1966 年 乔治·威廉姆斯（George Williams）在《适应与自然选择》（*Adaption and Natural Selection*）中讨论了特征。

20 世纪 70 年代 威廉·D. 汉密尔顿（William D. Hamilton）研究了蜂群中的亲缘选择。

1975 年 爱德华·O. 威尔逊（Edward O. Wilson）在《社会生物学：新的综合》（*Sociobiology: The New Synthesis*）中讨论了基因的影响。

1976 年 理查德·道金斯（Richard Dawkins）出版了《自私的基因》（*The Selfish Gene*）。

1979 年 唐纳德·西蒙斯（Donald Symons）出版了《人类性行为的演变》（*The Evolution of Human Sexuality*）。

20 世纪 80 年代 进化心理学作为一门学科出现。

1983 年 约翰·R. 安德森（John R. Anderson）提出人类行为在进化上与环境相适应。

1985 年 丽达·科斯米德斯（Leda Cosmides）探讨了欺骗者察觉。

1988 年 马丁·戴利（Martin Daly）和玛戈·威尔逊（Margo Wilson）出版了《谋杀》（*Homicide*）。

1994 年 史蒂芬·平克（Steven Pinker）出版了《语言本能》（*The Language Instinct*）。

罗伯特·赖特（Robert Wright）出版了《道德动物》（*The Moral Animal*）。

1995 年 戴维·巴斯（David Buss）出版了《欲望的进化》（*The Evolution of Desire*）。

1997 年 平克出版了《心智探奇》（*How the Mind Works*）。

2002 年 进化观点变得更具影响力。

第二章 古希腊思想

> 宇宙是有灵魂的，而且充满了神灵。
>
> ——泰勒斯（Thales）

在西方世界，对人的心理进行系统性探索的证据最早可追溯到古希腊时期，涉及的主要人物包括哲学家柏拉图和亚里士多德，以及遵循希波克拉底医学传统的医生们。对他们来说，关键问题是心智的基本性质（即心智是由什么构成的）及其各种功能和组成部分。他们在心智和大脑的关联方面也有了一些发现。

在19世纪心理学与哲学这两门学科分离之前，心理学被认为是哲学的一部分。已知最早的哲学家生活在米利都（Miletus），一个位于小亚细亚西部爱奥尼亚（Ionia）地区（现土耳其）的城市。我们对这些哲学家的观点知之甚少，但是我们确实知道他们对世界的本质和所谓的"灵魂"进行了思考，而"灵魂"这个概念和我们如今所谓的"心智"之间的联系并不紧密。

泰勒斯、阿那克西曼德（Anaximander）和阿那克西美尼（Anaximenes）解决了当时的两个关键问题：确定世界的基本元素和找出宇宙自行运动的原因。泰勒斯认为水是基本元素；阿那克西曼德认为曾经存在一种叫作"无限"的物质，所有其他元素都是在宇宙旋转的作用下从该物质中提取出来的；阿那克西美尼认为空气是基本元素。他们都认为宇宙具有灵魂，这种灵魂是导致事物变化的力量。泰勒斯还认为磁铁也有灵魂，因为磁铁可使其他物体移动。

轮回

公元前546年，波斯人控制了爱奥尼亚，迫使许多希腊人移居他地。毕达哥拉斯就是其中一位移民，他在克罗顿（Croton，现意大利）建立了一所学校。他的作品无一留存，因此我们对其教学内容所知甚少，但在毕达哥拉斯去世多年后，其学生将自己的发现也归功于他。一些以他的名字命名的观点，包括几何学中的"毕达哥拉斯定理"，可能这位哲学家本人都不知道。

毕达哥拉斯的学生们认为，所有事物都可以归结为数值关系——甚至如正义这样的抽象概念也和数值有关。对数和比例的关注使他们相信宇宙的和谐。毕达哥拉斯将数学视为净化心灵、从身体的禁锢中解放心灵的一种方式，这可能是最早的关于心灵具有认知能力（思考能力）的说法。毕达哥拉斯学派还认为，灵魂是不朽的，在死亡时会从一个身体转移到下一个身体，有些身体是人类的身体，有些则是动物的身体，这一学说被称为轮回（或转世）。

赫拉克利特

虽然许多希腊人都从爱奥尼亚搬走了，但赫拉克利特却留在了以弗所（Ephesus，今土耳其境内）。他认为构成事物的物质并不单独决定其存在，物质的本质是由潜在结构形成的。例如，尽管一条河流的水在不断变化，但它本身仍然保持不变。这种支配宇宙组织的潜在结构被称为"逻各斯"（logos），常被理解为"计划""理性"或"言语"。

一个人即使走过所有道路也永远不会发现心灵的极限，因为心灵拥有非常深刻的理性。

——赫拉克利特

赫拉克利特也有许多关于心灵的观点。第一，他认为潮湿对心灵有害，"对心灵来说，变成水就意味着死亡"。一些人从中得出结论：赫拉克利特认为心灵是由火构成的。第二，他认为心灵是人们永远无法完全了解的神秘物体。第三，他认为心灵和强烈的情感是对立的。"人们很难抑制情感，因为无论情感想得到什么，都要以心灵为代价。"情感（Thumos）是希腊人使用的另一个重要心理学术语，他们认为情感引发了勇气、愤慨、愤怒和其他以行动为导向的情绪状态。赫拉克利特还认为灵魂是不朽的，至少在高尚的人身上是如此。

赫拉克利特鼓舞了许多热情的追随者，但也招致了尖锐的批评。他离世后，哲学思考转向了更为抽象的问题。世界上有很多事物还是只有一个事物？事物是移动的还是永远静止的？事物在空间中是处于不同的位置，还是在同一空间的同一个地方？

宇宙

来自克拉佐美尼（Clazomenae）的阿那克萨哥拉成年后的大部分时间都是在雅典（Athens）度过的。他发展了一种关于"心灵"（nous，奴斯）的理论，认为奴斯是合理性或智力的一种。起初，奴斯仅指思考的能力，但阿那克萨哥拉扩展了该词的含义，包括宇宙作为一个整体的合理性，认为这是维持世界秩序的规则。

来自阿克拉加斯（Acragas）的恩培多克勒认为宇宙是由四种元素组成的，即火、气、土、水。他还提出了一个有影响力的感知理论，称所有物质都在不断地散发"流出物"（自身的微小复制品），这些流出物被感觉器官吸收并传送到心脏，在心脏处被个体所感知。

来自阿布德拉（Abdera）的德谟克利特（Democritus）认为，所有事物都是由微小的、不可分割的原子组成的。这些原子中最小、最光滑的原子位于心灵中，这就解释了为什么感知和思考会如此迅速。

苏格拉底和柏拉图

阿那克萨哥拉在世时，雅典成为希腊世界的文化和经济中心。被称为智者派（来自希腊语中的"智慧"）的旅行教师来到雅典，教授涵盖数学、文学和政治等的一切知识。雅典是一个民主国家，因此辩论（雄辩的公共演讲艺术）成为一种有价值的技能。事实上，一些智者派对辩论术的推崇程度甚至超过了真理本身。

关键日期

泰勒斯（生活在约公元前 585 年前后）

阿那克西曼德（生活在约公元前 610 年—公元前 547 年）

阿那克西美尼（生活在约公元前 550 年前后）

毕达哥拉斯（生活在约公元前 570 年—公元前 500 年）

赫拉克利特（生活在约公元前 540 年—公元前 480 年）

阿那克萨哥拉（生活在约公元前 500 年—公元前 428 年）

恩培多克勒（生活在约公元前 492 年—公元前 432 年）

德谟克利特（约出生于公元前 460 年）

希波克拉底（生活在约公元前 460 年—公元前 377 年）

苏格拉底（生活在约公元前 470 年—公元前 399 年）

柏拉图（生活在约公元前 428 年—公元前 348 年）

亚里士多德（生活在公元前 384 年—公元前 322 年）

> 我们是用心灵的一个方面来学习，用另一个方面来工作，用第三个方面来渴望饮食、性和其他快乐，还是用整个心灵来完成我们实际进行的每一项工作？
>
> ——柏拉图

雅典在与斯巴达的长期战争中战败，这一黄金时代也随之结束。雅典走向了衰落，失去其民主政府。在雅典最黑暗的时期，有一个人在市场中游荡，就美德、真理、正义和善良的本质与人们进行辩论，他向这些人表明，他们对事物的认知并非如他们所想的那样深刻。这个人就是来自雅典的苏格拉底。尽管他说"我所知道的就是我一无所知"，但仍然有一群年轻人追随他学习。

苏格拉底让雅典的年轻人远离神灵，鼓励他们批评政府，因此被指控为"不虔诚""败坏"雅典的年轻人，在公元前 399 年，他受到公开审判，被判处死刑，被迫喝下毒芹汁自尽。

苏格拉底的一些追随者对其所听闻的苏格拉底参与的一些辩论进行了记述。这些追随者中有一位也成了伟大的哲学家，他就是另一位雅典人柏拉图。柏拉图的著作内容广泛，是西方哲学史上无可争议的最具影响力的作品。在其职业生涯中，柏拉图发展出一套与之前的任何理论都迥然不同的详尽的心灵理论。要完全理解这一理论，我们必须了解一些柏拉图的知识理论（见下页方框）。

柏拉图的心灵理论

柏拉图的心灵理论在他的一生中不断变化和发展。他在早期的作品中阐述了通过学习改善人的心灵的可能性，以及心灵有可能是人类道德的源泉。后来他还写道，心灵是"比你的身体更有价值的东西"，它作为所有知识的所在地"指挥"着身体。知识不是通过经验习得的，而是与生俱来的。经验通过回忆（anamnesis）的过程将这种与生俱来的知识带到意识中。柏拉图还提到，心灵是不朽的，身体的死亡释放了心灵，使之可以与形态并存。因为只要心灵被困在身体里，人们就只能通过哲学来看见形态。

柏拉图的心灵理论在其晚年变得更加复杂。在《共

柏拉图出生在雅典，是古希腊伟大的哲学家之一。他的思想对哲学的影响一直持续到 20 世纪。

和国》（Republic）中，他认为心灵是由三个不同的部分组成的，即智力（logistikon）、情感（thumos）和欲望（epithumetikon）。

柏拉图认为，心灵处于最佳状态时，智力占主导地位，智力通过理性来协调三个部分的需求。然而，如果欲望占据了主

柏拉图式的型相

焦点

我们是如何认识事物的？例如，我们如何知道一匹马是一匹马？柏拉图认为，所有马都有一些共同的特质，人们通过这些特质将其识别为马。这些相似之处并非马的外表，因为马有许多不同的颜色、外形和大小。柏拉图认为，在某处一定存在一个"马的理念"，而所有的马都能以某种方式"反映"这一理念。抽象概念也是如此，如美德和正义——所有正义的行为都是因为它们反映了正义的理念。这些理念如今被称为柏拉图式的"型相"。

柏拉图用一个寓言来解释型相理论。想象一下，一群囚犯被锁在一个山洞里，背对外面，面壁而坐。洞外点着火，在火和囚犯之间，人和各种动物的雕像来回游走，在洞壁上投下阴影。囚犯们终生在山洞中生活，因此他们认为这些影子是真实的。然而，如果其中一个囚犯被释放，转身向洞外看去，起初，他会被火光照得眼花缭乱，但当他走近这些雕像时，他就会发现这些雕像是真的，而影子只是它们投射的影像。

同样，柏拉图认为，我们周围的事物就像真实形式的扭曲阴影。为了了解型相，我们不能像从前一样仅仅依靠向前看。相反，我们必须通过思考每个事物的本质来进一步探索人的本质、马的本质、正义或善良的本质。对柏拉图来说，对型相的思考是成为一名哲学家的核心，就像囚犯打破枷锁，走出洞穴，直接接触现实世界一样。

图为 19 世纪关于柏拉图洞穴寓言的图片，柏拉图用这个寓言来证明物质世界背后存在着现实，他把这个现实世界称为理智世界或型相。

导地位，那么人就会被欲望所支配。情感将思想转变为行动，是心灵的"行动"部分。情感也被认为对诸如愤怒、生气和胆量之类的东西负责。

感官

柏拉图在后来的作品《蒂迈欧篇》（*Timaeus*）中对感官进行了详细的说明，阐述了他所认为的感知的运作方式。他说，眼睛不断地释放出"纯净的火光"，从而使视觉成为可能。根据柏拉图的说法，不同的触觉是由物体不同的几何形状造成的。地球之所以坚硬，是因为它是由立方体构成的，这些立方体具有"宽基"，因此摸上去没有感觉。火是由尖锐的四边形锥体组成的，因此一触碰就会感觉到疼痛。气是由八面体组成的。水是由二十面体组成的，正因为有这么多表面，它们很容易在相互之间流动，一旦人们触摸空气或水时，它们便会脱离掌控。

柏拉图还在《蒂迈欧篇》中阐述了他对人类生理和疾病的看法，包括精神疾病。他认为这些疾病是由身体失衡、教养不良和训练不当造成的。

亚里士多德

柏拉图学派（学院派）的许多学生都成了成功的哲学家。然而，没有人能像亚里士多德那样对西方文化产生如此大的影响。公元前336年，亚里士多德在雅典建立了自己的学派——逍遥学派。

图为拉斐尔（Raphael）创作的壁画《雅典学院》（*School of Athens*）的局部，描绘了其他哲学家围绕着柏拉图（左）和亚里士多德（右）的情景。

亚里士多德关于心灵的书籍是该学派现存最早的著作。该书在希腊语中的名称为《论灵魂》（*Peri Psyches*），但今天它有了拉丁语和英语名称（*De Anima* 和 *On the Soul*）。在这本书中，亚里士多德讨论了生命的意义，以及灵魂和身体是如何结合起来形成一个生命体的。

亚里士多德从一系列的类比开始论述。首先，他将灵魂和身体之间的关系比作一座完工的房子和建造房子的砖头之间的关系，他还将这种关系比作一坨蜡和印在蜡上面的图案之间的关系。在第三个类比中，亚里士多德说："如果一些工具，如一把斧头，是一个自然物体，那么它的实质就是斧头，即具有砍伐能力，而这就是它的心灵。"在第四个类比中他说道："如果眼睛是一种动物，那么视力就是它的心灵……正如瞳孔和视力组成了眼睛一样，我们所说的心灵和身体就组成了动物。"

亚里士多德是什么意思呢？我们就拿蜡的类比来说明。印模是某种物质（蜡）所具有的一种型相（一种组织模式）。亚里士多德认为，所有事物均可被分析为被赋予了某种型相的物质。他认为同样的方法也可以用来分析灵魂和身体之间的关系——灵魂是赋予身体的物质型相（或组织）。灵魂和身体共同构成了生命体。

心理官能

亚里士多德对心理官能有不同的描述。有一次他说道："例如，如果一个事物有智力、知觉、空间运动，以及存在与营养、生长和衰败相关的静止和运动，那么我们就说它是有生命的。"还有一次他写道："心灵包括认知、感知和信仰，也包括食欲、愿望和一般意义上的欲望。心灵是动物运动的源泉，也是生长、繁荣和衰败的源泉。"后来，他称心理有五种官能，即营养、感知、欲望、运动和智力（理性）。

亚里士多德认为，心理官能是按照阶梯或等级排列的。简单生命体的心理只有最基本的能力，而较为复杂的生命体的心理则有更复杂的能力。营养是生命的基础，也是植物唯一拥有的官能。一个生命体若想成为动物，就必须拥有感知能力，即拥有视觉、触觉、味觉、嗅觉和听觉。亚里士多德还提出了一种"常识"的概念，即各种感觉组合形成一个单一的、综合的心理图像。如果动物有知觉，那么它也有想象力和欲望。亚里士多德认为，想象力是感觉器官的一种自发运动，使感觉器官作出反应，就像其在感知一样。

运动位于这个等级划分中的第二高阶。亚里士多德认为，只有一部分动物具有运动能力。最后，他认为少数动物具有思维能力和智力，如人类，以及其他与人类相似或比人类更高级的生物。亚里士多德还认为，没有任何事物事先"写在大脑中"，因此知识可以通过经验"刻在"大脑中。

希腊医学传统

古希腊医学传统的追随者也有许多关于思想的论述，有时这些论述和哲学家们的论述是对立的。来自科斯（Kos）的希波克拉底被称为医学之父，几百篇医学文献都归属于他的名下，尽管其中大多数都是其弟子的作品。这些作品合称为《希波克拉底文集》（*Hippocratic Corpus*）。我们从这些作品中可以看出，相比于抽象理性，希波克拉底更偏爱观察；相比于形而上学（超自然）的解释，他更偏爱具体的解释。许多人相信疾病是上帝的惩罚，而希波克拉底和他的追随者们并不这么认为。例如，人们称癫痫是神圣的疾病，但是希波克拉底认为癫痫是由大脑引发的疾病。

很多著作中提到健康与相互竞争或对立的元素之间的平衡有关，如热和冷。人们还认为，保持四种体液（血液、黏液、黄胆汁和黑胆汁）之间的平衡至关重要，而体液失衡则会导致特定的疾病和精神问题。体液学说构成了中世纪的医疗基础，并且仍出现在现代词汇之中：血液过多使人"兴奋"，黏液过多使人"拘谨"，黄胆汁过多使人"易怒"，黑胆汁过多使人"忧郁"。

希波克拉底和亚里士多德的思想影响了后续两千年的科学思维，为生理学、解剖学、生理和心理健康，以及疾病的研究奠定了基础。

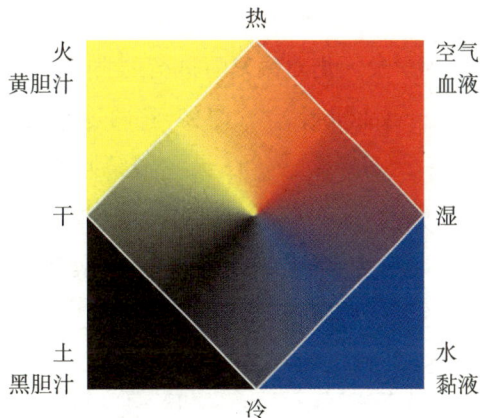

古希腊的医学理论建立在维持对立面和四种体液的平衡之上。每种体液都和四种基本元素（土、火、水和风）之一有关。

第三章　早期心理学

所有的精神疾病都源于脑部疾病。

——罗伊·波特（Roy Porter）

当今的心理学研究行为和心理过程，而精神病学则是医学的分支，研究精神疾病的治疗。然而，心理学和精神病学最初都是哲学的分支，直到 19 世纪末才成为独立的学科。

在西方世界，最早关于哲学理论的记录可追溯至古希腊人，这些理论包括心理学及人们对康复所进行的尝试。心理学（psychology）一词源于两个希腊词语：psyche 意为"心灵"或"灵魂"；logos 意为"文字"或"理性"。精神病学（psychiatry）一词也源于希腊语（psyche 和 iatros），意为"治愈"。

希腊医生、哲学家希波克拉底提出体液理论，认为疾病是由体液（血液、黏液、黄胆汁、黑胆汁）不平衡所引起的。过量的黑胆汁（希腊语为 melanchole）会使人发狂，而忧郁（melancholy）一词仍指极端的悲伤。直到 19 世纪末，世界上部分地区的人们一直认为体液理论是正确且有效的。

希腊哲学家亚里士多德对人和动物的

关键日期

公元前 400 年　希波克拉底提出体液的失衡会使人发狂。

约公元前 350 年　亚里士多德研究人类和动物的行为，形成经验主义的思想。

公元 400 年—1450 年　中世纪，人们一般基于宗教而非科学来看待行为。

1506 年　克罗地亚人文主义者、拉丁文作家马可·马鲁利克首次使用了"心理学"这一术语。

17 世纪初　法国哲学家勒内·笛卡儿提出肉体和灵魂（或理性的灵魂）是相互影响的独立结构。

17 世纪中叶　巴鲁赫·斯宾诺莎提出身心平行论的观点。

17 世纪　英国哲学家托马斯·霍布斯（Thomas Hobbes）和约翰·洛克（John Locke）提出心灵在出生时是空白的，其由后期环境塑造。

18 世纪中叶 英国哲学家大卫·哈特利（David Hartley）提出人类行为的世俗（非宗教）框架。美国精神病学从英国模式发展而来。美国医生本杰明·拉什相信道德疗法，并对精神病患者的护理进行了改革，他离世后被称为"美国精神病学之父"。

18 世纪晚期 菲利普·皮内尔为患有精神疾病的人创立了医院（精神病院），他要求法国巴黎的比赛特（Bicêtre）精神病院为患者摘除镣铐。

1813 年 图克家族是一个富有且有影响力的英国贵格会教徒家族，他们发表了一份报告，谴责精神病院的不良管理和非人道待遇，尤其是英国伦敦著名的"贝德拉姆疯人院"。

19 世纪中叶 德国科学家约翰内斯·穆勒和赫尔曼·冯·亥姆霍兹开始对知觉和感觉进行系统性研究。约

翰·康诺利和贝德拉姆疯人院的医生坚持要改变治疗方法。起初，颅相学（解读颅骨的艺术）是一门科学，但很快就成为一种流行的室内游戏，它激发了人们对大脑和行为的兴趣。

1841 年 首支专业团队精神病院官员（Medical Officers of Asylums and Hospitals）在英国出现。

19 世纪晚期 奥地利医生西格蒙德·弗洛伊德在自由联想的基础上发展了精神分析法。

19 世纪 70 年代 德国心理学家威廉·冯特在莱比锡大学建立了首个心理学实验室，他也出版了首本实验心理学杂志。心理学和精神病学从哲学中分离出来，各自成为一门得到认可的科学。

20 世纪 心理学和精神病学都发展成为强大的学科，二者相辅相成，为患者服务。

行为很感兴趣。他运用直接法观察自然界，促进了经验主义的发展。经验主义是一门基于观察的学问，亚里士多德是首位将观察应用于自然世界研究的西方人。自然世界研究包括对人类行为和疾病的研究。

后来，在罗马帝国的统治下，在罗马工作的希腊医生主张用温和、有效的业余活动及药物来治疗精神疾病。

中世纪

中世纪时期（约 5 世纪至 15 世纪），西方学者从宗教视角而非科学视角研究人类行为。相比医学，他们对自然更感兴趣。近两千年来，该领域在欧洲几乎没有多少

进展。

当时人们认为，那些行为异常的人是被邪灵附身了，或者受到了巫术的影响。患者通常被认为在某些方面犯了某种原罪，而接受治疗是为了驱出这些邪灵。中世纪的汗蒸房希望用焖烧树叶的火熏出恶魔，以此"治疗"患者。用魔法和宗教仪式来驱邪也很流行。人们断言这些受害者是离经叛道、疯狂或疯癫的人。有些患者得到了宗教团体的照顾，但也有许多人被迫沦为乞丐和流浪汉。阿拉伯人则保留了希腊传统的活力，他们在医学上持续取得了重大进展，在 8 世纪时建立了第一所精神病患

到了 17 世纪，那些照料精神病患者的人被称为"疯子医生"，他们几乎没有接受过什么训练，治疗方法也很野蛮。1788 年，英国国王乔治三世同时被他的宫廷医生和精神病医生弗朗西斯·威廉（Francis William，一名神职人员）所折磨，电影《疯狂的乔治王》（The Madness of King George，1995）描述的就是他的困境。

者疗养院，而欧洲首家精神病院是在 15 世纪初期建立的。

心理学的诞生

14 世纪至 17 世纪（即文艺复兴时期），人们重新开始研究心智和大脑解剖学。思想家们将注意力从动物转移到人类行为和解剖学。克罗地亚人文主义者马可·马鲁利克于 1506 年首次使用了"心理学"这个术语。

法国哲学家勒内·笛卡儿提出，身体和心灵（理性灵魂）是两个独立的结构，彼此之间影响巨大。他认为，身体的运作是机械性的，但是心灵的运作则是既非物理性，也非机械性的。心灵通过大脑和身体产生互动，是智慧之所在。这一身心关系的二元概念至今仍影响着人们的观念。

> 直到 18 世纪末，疯人院仍非医疗机构，而主要是宗教或市政慈善机构。
>
> ——罗伊·波特

荷兰哲学家巴鲁赫·斯宾诺莎认为，身体和心智不会产生互动，而会协调行动，因为二者受到了相同刺激物的影响。该观点被称为双方面理论，并由此发展出心理物理平行性理论（该理论认为大脑过程和

心理过程共存，并能在互不影响的情况下有所变化）。学者们试图将这些哲学原理运用到医学实践中。

18 世纪，法国医生菲利普·皮内尔要求给法国巴黎比赛特疯人院的精神病患者解除镣铐和铁链。

疯人院

从 17 世纪开始，欧洲的疯人院里禁闭着所有被视为不属于正常社会的人，包括精神病患者或残疾人，以及罪犯和流浪汉。

疯人院由教堂和慈善机构设立，比起医院，它更像是监狱。有时，志愿者医生会去疯人院探视，用由草药和灌木制成的补药（如异丁香）来净化这些患者，这种药会致人呕吐。疯人院的大多数患者都戴着镣铐，被锁在墙上，或穿着紧身衣。位于英国伦敦的伯利恒圣玛丽医院是这些疯人院中最古老、最著名的一个，这是一个可怕的地方，充满残酷、忽视、鞭子、铁链和肮脏。伯利恒简称为 Bethlem 或 Bedlam，这个词后来有了"骚乱"的意思。

1793 年，法国医生菲利普·皮内尔被委以重任，负责法国巴黎的精神病患者机构比赛特。皮内尔对精神病患者平时在比赛特疯人院所受到的非人类待遇感到厌恶，因此他要求医院解除所有患者的镣铐，给他们提供舒适的房间，并允许他们在院子里锻炼。他认为，如果医院里患者的行为像动物，那是因为他们被当作动物来对待。这是对传统观念的挑战，因为传统观念认为精神错乱导致患者变得像动物一样。

> 19 世纪以前，对精神病的治疗几乎不构成医学的一个专门分支。
>
> ——罗伊·波特

皮内尔还提倡道德治疗和人性化的治疗方法。他将精神错乱划分为忧郁症、狂躁症、白痴与痴呆，认为存在部分精神错乱的情况。他废除了诸如净化和放血等治疗方法，采用了与患者讨论并制定活动方案的治疗方法。

皮内尔对比赛特疯人院和萨伯特精神病院的影响深远。萨伯特是一所女性精神病患者医院。皮内尔的著作影响广泛，被译成了英语、西班牙语和德语。道德治疗

疯子医生

实验

17世纪，精神病患者被安置在名为疯人院的机构中。很快，这些疯人院就与残忍、污秽和腐败联系在一起，其中最臭名昭著的例子就是英国伦敦的贝德拉姆疯人院。负责这些机构的医生被称为"疯人医生"或"疯子医生"。

19世纪，七位有创新精神的"疯子医生"永久改变了这一局面。此前，精神病医生一直不受人尊重，但他们却将其变成一个受人尊敬的职业，他们的思想有助于在治疗精神病患者方面进行各种改革。约翰·哈斯拉姆（John Haslam）是贝德拉姆疯人院的一名药剂师（化学家），他着手研究那些被视为疯子的人的本质；约翰·康诺利是贝德拉姆的院长，他开创了无约束治疗的先河；苏格兰的 W. A. F. 布朗（W. A. F. Browne）是一位积极的、坚持不懈的制度改革者；亚历山大·莫里森爵士（Sir Alexander Morrison）成为一名访问医生，首次为精神病患者提供咨询服务；塞缪尔·盖斯凯尔（Samuel Gaskell）和查尔斯·巴克尼尔爵士（Sir Charles Bucknill）支持非机构治疗，鼓励精神病患者尽可能在家中治疗；亨利·莫兹利（Henry Maudsley）在他创立的《精神科学杂志》（Journal of Mental Science）中批判了传统的精神病院。

在其他国家也在发展，例如，在意大利的佛罗伦萨，文森佐·基亚鲁吉（Vincenzo Chiarugi）对精神病院机构的组织形式进行了彻底改革。

图克家族

当心理学还是哲学的一个分支时，一门新的科学开始萌生，后来被称为精神病学。1796年，英国约克的一家精神病院的不善管理和残酷行为令一个贵格会（Quaker）社区感到愤怒和震惊，于是他们建立了一个慈善机构，这里环境安静、舒适，患者能得到帮助。该机构由富有的茶商图克家族经营，逐渐让人们改变了对精神病院的态度。

威廉·图克（William Tuke）把他的慈善机构比喻成儿童乐园，认为耐心能让患者的精神状态得到改善。这是一个重大的新进展，让治愈精神疾病有了希望。1813年，塞缪尔·图克向英国政府成立的一个负责视察疯人院的议会委员会提交了一份尖锐的报告。他描述了贝德拉姆疯人院的待遇丑闻及其管理不善的地方，并将其方法和理念与约克疗养院进行对比。图克家族的努力见到了成效，相比以前，更多人接受了精神疾病是一种需要专业治疗的身体状况。

美国精神病学是由英国模式发展而来的，约克疗养院对波士顿、哈特福德及费城著名的精神病院都有影响。然而，美国医学的奠基人本杰明·拉什认为使用身体约束和恐惧是道德疗法的一种形式。他还提倡使用静脉切开术（放血）来有效地使精神病患者平静下来。

在精神病院改革之前，这幅1880年所作的贝德拉姆精神病院（应该被称为伯利恒圣玛丽医院）的男士肖像画描绘了精神病患者受到虐待和侵害的场景。只有当公众不再害怕精神障碍时，精神病患者才开始得到更多的尊重和照顾。

科学与人文

19世纪早期，由于人们改变了对精神病患者的态度，疯人院改名为精神病院。精神病学家约翰·康诺利是英国南部米德尔塞克斯（Middlesex）一家大型精神病院的院长，他努力使该院成为一个休养生息的地方，"在那里，人性将占据最高地位"。他支持非监禁治疗，鼓励工作人员撰写病例史，用于记录患者的心理和社会背景。

在颅相学的支持下，康诺利将精神病学和心理学相结合，融合了精神治疗和行为研究。颅相学由弗朗茨·约瑟夫·加尔率先发展，认为大脑是思想和意志力的器官，颅骨上凸起的轮廓决定了人格。虽然颅相学现在被视为一门伪科学，但它是精神病学人文治疗的一个重要阶段。

这一时期还出现了一种观点，认为精神疾病起源于人体内，可能在大脑中。关于精神障碍的书籍数量急剧增加，被称为"疯子医生"或"精神病医师"的执业医师数量也急剧增加。

1808年，英国议会通过了一项法案，允许地方当局通过征税的方式为被称为"穷疯子"的人建造精神病院。几个委员会视察了这些地方，但是精神病医生仍未获得明确的地位，首支专业团队（精神病院官员）直到 1841 年才出现。1853 年，这个英国的专业团队创办了《精神病院杂志》（*Asylum Journal*），后来更名为《心理科学杂志》（*Journal of Mental Science*）。至此，人们对精神疾病的本质和治疗的兴趣渐增，更多人对治愈精神疾病持乐观态度。

1883 年，德国精神病学家埃米尔·克雷珀林着手撰写《疾病分类》（*Classification of Disorders*），他在书中将精神疾病分为可治愈的和不可治愈的。之后，他不断完善自己的分类系统，直到去世时还在撰写该书的第 9 版。在 20 世纪早期，他的思想具有极大的影响力。

科学和心理学

19 世纪中叶前，心理学和精神病学一直密切相关，直到约翰内斯·穆勒和赫尔曼·亥姆霍兹首次系统性地研究感觉与知觉，使用科学的观察方法来研究心理活动。然而，直到 19 世纪末，接受过医学和生理学培训的哲学家威廉·冯特才在德国创办了第一本实验心理学杂志，至此，心理学才被确立为一门基于仔细观察的独立学科。这些人及其他前人的努力使心理学从哲学和精神病学中分离出来，并稳步发展出自

己的特性。

精神病学中最著名的治疗方法是西格蒙德·弗洛伊德所创造的精神分析法。精神分析法最初是一种治疗策略，也是一种精神障碍理论和理解人性的方法。弗洛伊德认为，潜意识深处的力量决定了行为，压抑的情感会引起人格障碍、自残倾向及身体问题。后来，精神分析学继续发展，囊括了对人格发展、变态心理学的科学研究和对心理治疗技术的研究。

如今，心理学和精神病学是相互独立的学科。心理学家研究正常行为和变态行为，他们通常先获得一个学术学位，然后接受进一步的专业培训。精神病学是一门医学专业。精神病学家专攻精神和大脑的障碍，并获得医学学位。他们拥有从业执照，有权开处方并使用药物和其他医学疗法。

然而，很多学科交叉仍然存在。1879 年引入的"临床心理学"一词，用来描述诸如在医院这样的临床环境下进行的分析。在精神健康中心担任治疗师的临床心理学家通常在经验丰富的精神病学家手下接受培训。心理学家和精神病学家也会合作，帮助患者应对各种问题和精神疾病。

第四章　先天与后天

即使教育不是万能的，但它也几乎是无所不能的。

——约翰·斯图尔特·米尔（John Stuart Mill）

"先天与后天之争"涉及心理学的一个基本问题：人类的心智在多大程度上是先天或生理的产物，又在多大程度上是后天培养或经验的产物？自从开始思考心智问题以来，人们就一直在思考这一问题。多年来，双方的观点交替占据主导地位。

我们还可以从另一个角度看待先天与后天的问题：人类的本性有多少是先天的（天生的或固有的），又有多少是经过后天学习或培养获得的？自从被提出以来，这个问题似乎一直是无解的。

约翰·洛克

马尔卡斯特认为，人类行为是"先天"和"后天"的共同结果，大约100年后，英国哲学家约翰·洛克提出了更为极端的立场。在1690年出版的《人类理解论》中，洛克为此后200年的先天与后天之争奠定了基调。洛克在书中强调"后天"的作用大于"先天"的作用，这个论述至今都很著名。

"那么，我们假设心智就像我们所说的那样是一张白纸，没有任何性格特征，也没有任何思想，它是如何被填充的呢？心智中的巨大知识库，由人类纷繁复杂的思绪以无穷无尽的方式点缀，它从何而来？心智中理性和知识的材料又从何而来？对此，我的回答只有一个词——经验。"

洛克是英国经验主义运动的主要思想家之一，英国经验主义的思想学派支持"心智是一块由经验写成的白板"这一观点。这种观点认为，人们通过自己的感官了解世界。

早期历史

这场先天与后天之争至少可以追溯到公元前4世纪。希腊哲学家亚里士多德将人类的心智比作一块白板，由感官的印象来书写。这一观点一直延续到中世纪。哲学家托马斯·阿奎纳（Thomas Aquinas）则认为"在智力中的任何事物先前都存在于感官中"。因此，这些早期思想家否认了"人们生来便具有知识"的观点。

16世纪，英国的一位校长理查德·马尔卡斯特提出了"先天"和"后天"两个术语，以指代这场辩论中的两极。与前人和许多后人所不同的是，他采取了一种中立态度，认为生物因素和经验积累对孩子的成长都很重要。尽管马尔卡斯特的具体观点已被遗忘，

这幅漫画绘制于1860年前后，画中的达尔文以猿人为身，表明当时很多人对达尔文的进化论感到愤怒。

但他所创造的术语仍沿用至今。

争论激化

1859年，随着达尔文的著作《物种起源》的出版，生物学在先天与后天之争中发挥着更为广泛的作用。英国科学家弗朗西斯·高尔顿是最先对达尔文关于自然选择的革命性观点感兴趣的人之一。阅读完达尔文的书后，高尔顿对用进化论原理分析人类产生了兴趣。然而，不同于英国的经验主义者，他关注的问题是：造成个体差异的是先天因素还是后天因素？关注差异而非个人知识发展，成为这场辩论的一个重要分支点。

高尔顿推断，只有两个因素能够造成个体间的差异，即从父母身上继承的不同生物学特征，以及不同的环境力量，包括个人的经历和学习。他还进一步推论，通过观察生物学特征如何在家庭中遗传，研究人员可以研究遗传在多大程度上会影响人类的命运。高尔顿在其1869年所著的《遗传的天才》中论述了自己的观点，他在书中表示，卓越的智力是可以遗传的——他和达尔文拥有同一个祖父的事实或许可以解释这个有趣的现象。

我想表明的是，一个人的天赋源自遗传，和整个有机世界的形态和物理特征受到的限制完全相同。

——弗朗西斯·高尔顿

虽然高尔顿对基因和遗传机制一无所知，但是他创立了行为遗传学。随着我们对遗传学、生物学和统计学的认知的提高，行为遗传学这一领域的影响力也越来越大。行为遗传学也成为先天与后天之争的主要阵地。

行为主义的兴起

当高尔顿等人在发展基因和遗传的观点时，随着英国经验主义思想在行为主义者的支持下重获青睐，另一心理学流派正在兴起。高尔顿认为遗传是塑造性格的力量，与其观点相反，行为主义之父——美国心理学家约翰·华生——则重视经验。因此，行为主义试图用学习定律来解释动物和人类的各种行为。行为主义者提出了两种行为：经典条件反射行为和操作性条件反射行为。

心理学家伊万·巴甫洛夫偶然间发现了经典条件反射行为。在研究狗的消化过程时，巴甫洛夫突然注意到一些奇怪的事情：在他给狗送食物的过程中，甚至在食

关键术语

- 《职位》（1581）
  理查德·马尔卡斯特
- 《物种起源》（1859）
  查尔斯·达尔文
- 《遗传的天才》（1869）
  弗朗西斯·高尔顿
- 《生物的行为》（1938）
  B. F. 斯金纳
- 《句法结构》（1957）
  诺姆·乔姆斯基
- 《社会生物学》（1975）
  爱德华·威尔逊

物送到之前，狗就会开始流口水。通过进一步调查，他发现只要在喂食之前摇铃铛，这些狗在听到铃声时就会流口水，即使没有食物送过来。这些狗已经在铃铛声和食物之间形成了一种联系，而这种联系以前是没有的。

给我 12 个健康的婴儿，并让我在自己设定的特殊环境中养育他们，我可以担保，任意选择其中一个婴儿，无论他的天赋、爱好、意愿、能力、天职及祖先的种族如何，我都可以将他训练成为我所指定的专业人士——医生、律师、艺术家或商业领袖，甚至是乞丐和小偷。

——约翰·华生

心理学家 E.L. 桑代克提出了另一种不同的学习理论——操作性条件反射。他认为动物往往会重复一些产生积极效果的行动，这种规律他称之为"效果律"。根据"效果律"，动物会重复那些受到奖励的行为，而避免重复那些受到惩罚的行为。

在一次实验中，桑代克将一只饥饿的猫放进装有简单门闩的笼子中，笼子外放置了一块鱼肉。一开始，猫企图把爪子伸出笼子够到鱼肉，随后，它在笼子里来回走动，直到无意间按到了门闩，发现可以跑出笼子去吃鱼。无数次重复这一过程后，这只猫学会了迅速打开门闩：食物的正面奖励消除了猫在笼子里来回走动的行为。

心理学家 B.F. 斯金纳利用他著名的"斯金纳箱"扩展了桑代克的实验研究。他认为，生物体当前的行为是不停地重复那些过去曾受到奖励的行为的结果。在斯金纳的实验中，老鼠或鸽子等动物因做出研究人员试图鼓励它们进行的行为而受到奖励。这是一个渐进的过程，但最终这些动物都能被训练到可以执行一系列复杂的行为。这种操作性条件反射也是人们训练动物在马戏团或电影中表演杂技的主要方法。

这两个行为主义者的学习理论都偏向

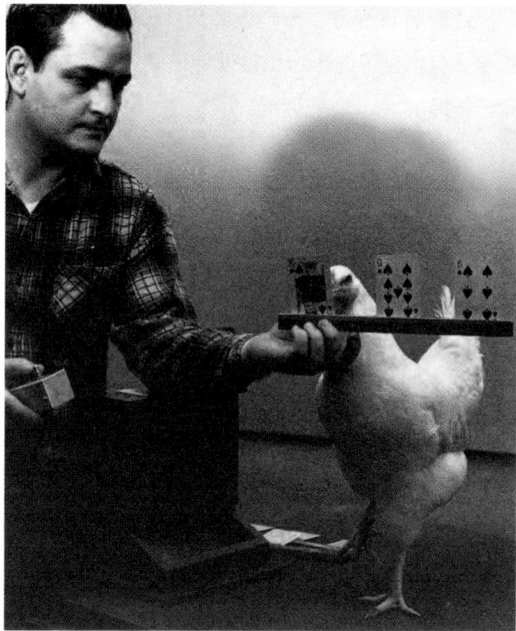

一位研究人员使用操作性条件反射技术来教一只鸡选择特定的扑克牌。当鸡选择了所需要的特定扑克牌时就会受到奖励。使用这个方法，研究人员可以逐渐训练这只鸡去选择一组复杂的牌。

于先天与后天之争中的"后天"，因为它们都强调经验是行为的来源。经典条件反射理论认为，动物可以在任意两种刺激物之间建立联系，而"先天"仅仅提供感官及建立这些联系的能力。操作性条件反射理论认为，恰当的奖励和惩罚可以塑造任何行为。两种理论都表明，生物学的贡献只是一种与生俱来的、判断何为奖励的感觉。

因此，很少有行为被认为是天生的，经验填充了生物体的大脑，塑造了生物体的行为。

行为主义的衰落

行为主义理论的反对者认为，动物的大脑不仅仅是空白的石板。他们认为，如果他们可以证明动物生来就具有被"书写"在体内的能力，那么这些理论就必须加以修正。特别是，如果他们能证明动物比其他物种更容易建立联系，那就表明，除了能够学习联想之外，还有更多能力是动物与生俱来的。

20世纪60年代中期，科学家约翰·加西亚和他的同事用老鼠进行的一系列实验证明了这一点。加西亚给老鼠一个喝水的小管子，这个管子里流出的溶液是老鼠从未品尝过的独特味道，每当老鼠通过这个管子喝水时，一盏灯就会亮起，并伴随着微弱的咔嚓声。每次当咔嚓声响起时，老鼠就会暴露于X射线下，这会令它们暂时生病。

如果行为主义者是正确的，那么这些老鼠应该会将这三种情况（灯光、咔嚓声和溶液的味道）和生病的感觉建立起联系。简言之，它们理应学会避开这三种情况。

但事实并非如此。相反，这些老鼠学会了避开溶液，而非避开灯光和咔嚓声，这说明它们将生病和溶液新奇的口感建立了联系，而非灯光或声音。

这正是加西亚所期望的。在自然环境中生活的老鼠需要用它们的味觉来判断哪些食物是可以吃的，哪些是有毒的。为了做到这一点，它们学习避开那些会使他们生病的食物。就像加西亚在实验报告中开玩笑说的那样，这些老鼠并不会责怪灯光或咔嚓声，而会得出这样的结论："一定是我刚吃的东西让我生病了。"行为主义者并不认为老鼠的心智是学习的必要条件，他们认为是受到特定刺激后生病的情况改变了老鼠的行为，而这不需要任何有意识的思维过程。

> ……我们并不愿得出的结论是，不了解一个物种的本能模式、进化史和生态位，就无法充分理解、预测或控制其行为。
> ——K.&M. 布里兰（K.& M.Breland）

不当行为

大约在同一时期，斯金纳的两名已经毕业的研究生——夫妻团队凯勒·布里兰和玛丽安·布里兰——发表了一篇现已成为经典的论文，标志着行为主义开始走向终结。在《生物体的不当行为》一文中（该文简单引用了斯金纳的著作《生物的行为》），布里兰夫妇列举了许多实验例子，在这些例子中，被研究的生物体并未出现行为主义者所预测的行为。

在一个案例中，他们训练一只浣熊把硬币扔进金属盒。首先，浣熊只要捡起硬币就会获得奖励，这一训练顺利进行。随后，当浣熊将硬币扔进盒子时，研究人员就会奖励它。然而，尽管可能获得奖励，但这只浣熊拿到硬币后就不愿意放手了。布里兰夫妇在实验报告中写道，这只浣熊喜欢用"最吝啬的方式将硬币都收在一起"。它似乎已经将硬币误认为食物了。在这些实验案例中，动物的行为和行为主义理论不符，布里兰夫妇因此得出结论："很明显，这些动物被强烈的本能行为所困扰。"

20世纪50年代和60年代，与行为主义相悖的实验证据持续积累。例如，行为主义者认为，对生物体过去的行为进行奖励，对产生未来的行为是必要且充分的条件，但有些实验的结果却与之相反。

沃尔夫冈·科勒表示，黑猩猩在解决一些问题时并不需要奖励或强化自己的行为。相反，它们会使用"洞察力"，通过仔细观察问题找出解决方案，而不是通过反复试错的学习方式。

同样，哈里·哈洛对猴子进行了研究，发现对某些行为进行奖励并不总是有效的。他将新生猴子与它们的母亲分开，并为它们提供了一个由坚硬的金属丝制造的人造"母亲"，并配有喂食管和乳头。尽管被这位"母亲"喂食（即奖励），这些猴子并没有对其表现出依恋倾向，也不愿在非喂食时间靠近它。相反，一个由柔软、蓬松的材料制成的非喂食娃娃对这些没有母亲的幼猴来说成为一种奖励，因为这种娃娃摸着、抱着都很舒适。

认知革命

20世纪50年代晚期，随着语言学家诺姆·乔姆斯基的著作问世，先天与后天之争迎来了一个关键的转折点。乔姆斯基认为，行为主义的学习理论无法解释语言学习。相反，他声称人类有一个语言"器官"，即大脑中一个特殊的、专门用于学习语言的区域。乔姆斯基认为，孩子学习的特定语言取决于环境，但学习该语言的能力则是天生的。

乔姆斯基提出的第二个重要观点是

"通用语法"概念。他认为，虽然语言各不相同，但它们具有一些共性。他认为语言的相似性源于所有人共有的先天语言器官，即大脑中产生语言的区域。这个器官只能用特定的语法规则学习语言，这就意味着世界上所有语言可能都是由同一套规则构成的。

乔姆斯基的著作标志着一场革命的开始，这场革命后来被称为认知革命。认知心理学家将心智视作一种计算机——一种吸收、加工外界信息，然后产生行为的机器。认知心理学的兴起再次改变了先天与后天之争的基调。人们认识到，在大脑中必定存在一种与生俱来的学习机制，使他们能够了解世界，而乔姆斯基在语言方面的研究则清楚地解释了这一点。因此，认知心理学家试图描述人们与生俱来的其他

认知心理学家试图了解大脑中哪些结构能让人们了解周围的世界。例如，语言学家诺姆·乔姆斯基的研究表明，人们学习语言的能力是与生俱来的，但环境决定了他们所学习的特定语言。

学习机制。

社会生物学

随着认知革命的进行，先天论（即认为先天具有重要作用的观点）再次受到推崇。1975 年，哈佛大学生物学家、蚂蚁行为专家爱德华·威尔逊出版了《社会生物学》一书。书中提出，所有动物（包括人类）的社会行为均基于遗传基因。虽然他认为只有大约 10% 的人类行为是由基因引起的，但他的观点引起了强烈的反对，在一次学术会议上，有人甚至向他泼了一罐水。

尽管有人对威尔逊的著作表示反对，但其他人也试图用生物学方式来了解人类心理。1979 年，人类学家唐纳德·西蒙斯出版了《人类性行为的演变》一书，该书探讨了自然选择的进化过程如何塑造人类的性行为。

20 世纪 80 年代和 90 年代间，出现了一门被称为进化心理学的新学科。它接受了许多社会生物学的观点，但也加入了认知科学（对人类思维及其运作方式的研究）的观点。进化心理学家不再将先天或个人的基因组成视为对人类行为的限制。他们的行为模型是计算机，他们认为进化是建

立信息处理系统的力量，该力量使每个有机体都能与环境进行适应性交互。因此，他们认为先天是一种助推器，基因（遗传密码）不能"决定"有机体的命运。相反，基因与环境一同构建了有机体。

基于乔姆斯基的见解，心理学家史蒂芬·平克于1994年出版了《语言本能》一书。平克将语言器官称为一种本能，他认为自然选择建立了信息处理系统，使人们能够学习新的思想，他呼吁人们关注这一方式。平克说，通过自然选择建立越来越多的信息处理系统，会使人们变得越来越灵活。这并不意味着进化的方法没有学习空间，因为平克也强调，习得语言必须使用专门为语言学习而生的先天机制。

现在我们来回顾一下加西亚的实验。进化论对其实验结果的解释为：自然选择

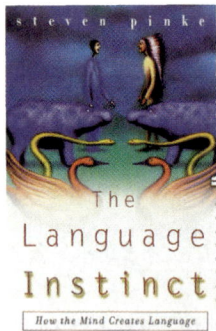

史蒂芬·平克颇具影响力的著作《语言本能》于1994年出版。他在书中说，婴儿不是生来就会说话的，因为他们大脑中的语言结构还未完全发育成熟，而且语言必须通过后天习得。就本质而言，语言是共享的，没有任何基因能够编码6万个单词——这是一个高中生的平均词汇量。

使老鼠的大脑天生就学会了哪些食物是可以吃的。同样，人类也有无数的学习机制，每一种都是为特定任务或适应性问题而生的。

许多人仍然对用生物学方法来研究人类行为抱有敌意，认为这些方法是社会达尔文主义、基因决定论或优生学思想的再生。社会生物学家和进化论心理学家尤其

遗传可能性

生物体之间互不相同时，变异可能有两种来源：基因的不同或生物体生存发展所处环境的不同。遗传可能性可用来测量人群中的个体差异与基因差异的相关性。我们可以通过两个简单的实验来理解这个概念。

如果你有大量基因相同的豆子的种子，并把它们种在不同的泥土里，泥土中的细小差异会导致这些豆子的生长高度不同。这个现象强调了环境对生长的影响，从中你可以得出结论，有些差异是由环境因素引起的。植物高度的遗传可能性很低，因为高度的不同很大程度上取决于非基因因素。

现在，假设你将大量基因不同的豆子的种子种在同样的土壤中。在这种情况下，你所观察到的差异均是由种子基因不同所造成的，如果豆子的高度仍有很大差异，那就可以得出结论，高度性征在那种特定的土壤中具有较高的遗传可能性，或遗传影响力。

遗传可能性指的是群体，而非个体，意识到遗传可能性会根据环境而改变是很重要的。如果你将基因不同的豆子的种子种到不同的土壤中，在有些情况下，它们的高度可能会大不相同，而在另一些情况下，它们的高度可能只有细微差异。这就表明了基因差异会根据环境的不同而表现出不同的特点。

明确地反对这些观点，但是 19 世纪和 20 世纪的破坏性政治运动依旧使人们抵制用生物学来解释社会行为。

解开争论的谜团

先天与后天之争之所以能持续这么久，其中一个原因是没有一个利害攸关的问题。有了充分的研究作为基础，现在看来，这场争论似乎没有绝对的答案，而当代基因研究主要关注两个关键问题。

第一个问题源于查尔斯·达尔文和弗朗西斯·高尔顿的著作，关注差异的起源。行为遗传学家试图发现个体之间差异的原因与起源，以及这些差异是由人类基因变化引起的还是由环境变化引起的。这是个复杂的问题，因为遗传学家并不知道每个人的基因是什么样的，并且基因之间差异的表现形式也不同：环境对基因差异的影响深刻。行为遗传学常常与遗传决定论相混淆。近期出版的一些采用行为遗传学方法的图书声称，由于基因不同，人与人之间的差异无法避免。但这是错误的，行为遗传学可以做的是告诉我们一些关于人与人之间差异的根源。

第二个问题与个人基因和环境的交互方式有关。人们认为，个体的每个方面都是基因和环境的共同产物，将人的特质划分为"环境"成分和"基因"成分是不可行的，因为每个生物体的基因都以一种复杂的方式和环境进行交互，从而构成生物体。

第五章　科学心理学的开端

生理心理学首先是心理学。

——威廉·冯特

在 18 世纪和 19 世纪，化学、物理学等学科的发展使心理学作为一门科学学科出现。威廉·冯特是受到这些进步影响的科学家之一，他将内省作为心理研究的方法，并建立了世界首个心理学实验室。

从早期关于人类思想的文字记载中，我们可以了解到人们对心理学的兴趣。人们似乎一直都对自身的思维和行为感兴趣，包括思维如何运作，以及我们为何做其所做。

然而，直到 19 世纪末，随着研究人员调查思维如何运作，心理学才开始从推测过渡到科学。20 世纪初，心理学家将科学调查集中在理解人们的行为上，心理学研究的重点再次转移。

科学背景

18 世纪和 19 世纪，科学取得了巨大的进步，特别是在生理学（身体如何运转）、物理学和化学领域。随着有效实验技术的发展，许多最新的科学理论得以发表并应用于技术和当代生活中。医学界也取得了重大进展，医学上的突破使死亡率急剧下降。

图为露西·路特维奇（Lucy Lutwidge）的照片，由其侄子查尔斯·道奇森（Charles Dodgson）于约 1858 年拍摄，他也被称为刘易斯·卡罗尔（Lewis Carroll），是《爱丽丝梦游仙境》（*Alice in Wonderland*）的作者。露西对科学的兴趣常见于 19 世纪许多受过教育的家庭。

科学以一种前所未有的方式成为人们生活的一部分。科学、科学家、实验和实验室吸引了许多人，在受教育程度较高的阶层中也成了热门话题。这一学科的发展既是一项基础的实验事业，也是应用科学发现来改善人们生活的一种方式。

19世纪末之前，心理学是哲学的一个分支，但由于科学受到重视，人们开始从不同的角度看待心理学。威廉·冯特是首位使用科学原理研究心理过程的人，他的主要研究方法是内省，这是一种要求研究人员观察并记录他们的感知、思想和感受的技术。实验补充了他们的发现。冯特创办了首个心理学实验室和首本心理学研究杂志。他的努力使心理学成为一门科学，因此，他被称为科学心理学的奠基人。然而，冯特的成就应该放在其他科学先驱的背景下审视，如古斯塔夫·费希纳和赫尔曼·亥姆霍兹。

费希纳和亥姆霍兹

德国科学家古斯塔夫·费希纳是心理物理学领域的创始人。心理物理学是

图为科学家、哲学家赫尔曼·亥姆霍兹的照片，大约拍摄于1847年。他出生于德国的波茨坦（Potsdam），1843年毕业于柏林的弗里德里希·威廉医学研究所（Friedrich Wilhelm Medical Institute）。他对能量守恒定律的陈述最为著名。

指将物理学原理应用于心理过程。费希纳用数学和物理学来理解思维，量化不同层次的刺激与思维对刺激的感知之间的数学关系。例如，费希纳进行了一项研究，向参与研究的志愿者展示不同强度的声音，测量他们表明自己第一次听到每种刺激时的反应时间。在计算了平均反应时间后，费希纳发现了不同的模式，其中一个被他称为听觉感知阈值——即人们听到声音所需的平均最小强度。费希纳的实验研究影响了冯特和其他心理学家。

另一位重要的德国科学家是赫尔曼·亥姆霍兹，他对生理学、物理学、感觉和知觉都很感兴趣。亥姆霍兹发展了色彩感知理论，该理论最初由托马斯·杨在1801年提出。这一理论（杨-亥姆霍兹三色理论）被广泛接受，至今仍有助于解释色彩感知的许多事实，特别是视网膜上的细胞处理颜色的方式。

亥姆霍兹对神经冲动的速度也很感兴趣。其他科学家认为，神经冲动是

瞬时的，可能速度太快，无法测量。亥姆霍兹利用青蛙的运动神经（传递运动）对这一主题进行了基于观察的实证研究。他发现，神经冲动的速度是每秒 90 英尺（约 27.4 米）。亥姆霍兹也研究了感觉和知觉。他想了解大脑如何处理感觉信息，换句话说，诸如光和振动等外部刺激是如何以视觉情景和声音的形式进入人们的大脑的。他的主要结论之一是，这些来自外部世界的感觉只有按符合逻辑的方式组织起来之后，才能在大脑中产生意义。这一观点为"自上而下的处理"这一现代理论打下基础，指的是由一个人的知识和经验驱动的处理过程。

费希纳和亥姆霍兹都是 19 世纪的传统科学家，传统科学认为应该用科学的原则来研究心理活动。然而，这两位科学家都是物理学家，而非心理学家。正是冯特将心理学建立为科学的一个独立分支。

动物和人类心理学

1862 年，冯特在海德堡大学（University of Heidelberg）举办了一系列关于动物和人类心理学的讲座。这是有史以来第一门科学心理学课程，它首次将心理学与生理学和哲学完全分开。冯特讲道，心理学应该是实验性的、科学的。他认为，许多心理现象，如感知和感觉，都是可以测量的。然而，他认为心理学有其局限性，因为它无法解释复杂的人类功能，如高级心理处理或社会互动。他的演讲于一年后发表。

冯特认为，人类行为是由动机和其他影响因素之间的复杂互动造成的，这些影响因素很微妙，往往是未知的。他说，这些因素无法测量，因为它们无一能直接引起行为。冯特指出，人类行为无法像物理现象（如电）那样可以测量。换句话说，他认为心理是可测量因素和不可测量因素之间的相互作用。

关键日期

1855 年　威廉·冯特在海德堡大学获得博士学位。

1879 年　冯特在莱比锡大学建立了世界首个心理学实验室。

1881 年　冯特创办了世界首本发表心理学研究的杂志。

1892 年　爱德华·布拉德福德·铁钦纳在莱比锡大学获得博士学位。

调查事实的第一步一定是描述它所包含的各个要素。

——威廉·冯特

这一立场标志着心理学与生理学、物理学和化学明确分离。今天，大多数心理学家都不会同意冯特的观点。他们认为，心理学和其他科学一样是一门严格的科学，其效果是可以明确测量的。

生理心理学

冯特在心理物理学方面取得了重要进展，被公认为首批真正的生理心理学家之一。生理心理学研究人类和非人类动物如何感知外部世界，以及如何从感官数据中感知信息，如今被认为是心理学的一个分支。生理心理学家认同感官（如视觉和听觉）将感官信息发送到大脑，感知过程发生在大脑中，但他们试图确定我们所知道的东西有多少是源于感觉器官本身，又有多少是源于大脑及其感知处理。

内省

冯特发展了系统的方法来测量感觉和

威廉·冯特

人物传记

威廉·冯特于 1832 年出生在德国内卡劳（Nakarau）的一个小村庄。他来自一个虔诚的基督教家庭。长大后，冯特成为一名科学家，但他从不认为科学家与基督徒的身份之间存在矛盾，他相信科学和宗教都是理解世界的方式，并不相互排斥。这也许可以解释他为何不需要证明一些无可争议的结论便能进行科学工作。

1855 年，冯特获得了海德堡大学的生理学博士学位，并在那里教授生理学，后来又教授心理学（1862 年）。他写了很多书，其中最重要的是《生理心理学原理》。1875 年，他被任命为莱比锡大学的教授，并于 1879 年在那里建立了世界上首个心理学实验室。两年后，冯特创办了首本发表心理学研究的杂志。起初，它被命名为《哲学研究》（Philosophical Studies），但后来改名为《心理学研究》（Psychological Studies）。冯特对心理现象的系统研究是心理学被确立为一门实验科学的首要因素。

知觉的基本要素。物理学依靠观察（检查）技术来研究物理现象，冯特试图发展内省法来研究人们的心理现象。内省的字面意思是"看自己的内心"，因为参与者要审视自己的思想。

这些实验中的受试者被称为观察者，他们接受训练，来报告自己的想法和感受。他们会接收到一个刺激物，如形状或颜色，并需要报告对该刺激物的想法。难点在于，他们应该将自己的知识与对刺激物的记忆分开，这样才能客观地报告自己的直接想法和感受。这一点十分困难，所以观察者需要接受更进一步的培训。

内省法的缺陷

不幸的是，事实证明，内省作为一种科学方法是有缺陷的。就其本质而言，它是不可验证的，因为研究人员无法确定观察者报告的想法和感受是否真实，而要从不同实验室的不同观察者那里获得可靠和有效的数据也很困难。所以，按照如今的科学标准，内省实验的数据是不可靠的。

这个普通实验室的设计可追溯到 1822 年，它反映了公众越来越支持 19 世纪新的科学发现。

认知方法

人们通过几种不同的方式来"认识"某些东西。在一种方式中，某事物被认为正确是因为它一直都是正确的，这些信念被称为"固执的信念"。在另一种方式中，某事物被认为正确是因为某个受到尊敬的权威告诉我们它是正确的——我们会听从的权威包括政治和宗教领袖。在经验主义方式中，我们知道某些事物是正确的，是因为我们通过感官体验过这些事物。

哲学家使用一种叫作理性主义的方法，理性主义依靠逻辑和理性得出结论。但是，认识事物最可靠、最有效的方法是科学方法，在这种方法中，科学家使用对照实验研究来建立知识。科学是自我纠正的，因为根据实验室得出的实验结果，科学可能会得到验证或进行改变。当心理学成为一门科学时，心理学家们也开始使用对照研究。

焦点

其他心理学家评论道,观察者只能报告他们有意识的想法和感受。人们还有其他无意识的(人们意识不到的)想法和感受,这些想法和感受不会出现在内省报告中。

冯特意识到内省研究的缺陷,并承认内省过程打断了自然的思维过程。毕竟,人们在思考时对每个想法再进行思考是不自然的。他在职业生涯中不断修改内省方法,并试图改进它。

莱比锡实验室

1875 年,威廉·冯特在莱比锡大学担任全职教授,历史上,该大学被认为是实验科学心理学的故乡。冯特打算在那里建立一个心理学实验室,但这不可能立即实现,因为莱比锡大学无法提供他所需要的实验室空间。由于这个原因,冯特在莱比锡大学任职的第一年并未教授心理学。

除了资源问题外,冯特还发现自己与同事天体物理学家约翰·佐尔纳(Johann Zoellner)的关系很僵。佐尔纳对超自然现象感兴趣。美国灵媒亨利·斯莱德(Henry Slade)于 1877 年访问莱比锡后,佐尔纳确信斯莱德具有超自然的力量。冯特在谈

这是一幅反映 19 世纪的莱比锡大学的校园图画,威廉·冯特在此建立了世界上第一个心理学实验室。1875—1917 年,他在此担任教授。

话和发表的文章中都不同意佐尔纳的观点，认为科学家对超自然能力的判断力很差，因为科学家对骗局并不熟悉。因此，佐尔纳将冯特视为其精神世界的敌人。

尽管最初存在这些问题，但冯特最终还是获得了空间来建立他的心理学实验室。研究于1879年开始，研究重点在三个主要领域：感觉、知觉和心理物理学。

许多学生都想跟随冯特学习，其中包括美国心理学的一些先驱者，如斯坦利·霍尔、詹姆斯·麦肯·卡特尔（James McKeen Cattel）和爱德华·布拉德福德·铁钦纳。

冯特研究的是什么

尽管内省法有其局限性，但冯特还是有效地利用内省进行了心理学研究。他在莱比锡实验室研究了光和颜色的心理物理学，以及感觉和知觉的广泛问题，如大脑如何将眼睛中的电活动转变成图像。他还研究了听觉，包括频率（音高）、节拍、音调和音程。

冯特还研究了注意，注意在感知中起重要作用。注意是对当下的意识，但是一个人无法有意识地一次性体验所有遇到的事件和得到的信息，所以注意是有选择性的。冯特认为，人的大脑可以注意到按顺序（一个接一个）发生和同时（在同一时间）发生的事件，这意味着注意在几种处理模式中都是可能的，后来的认知心理学研究也证实了这一理论。

元素主义

冯特还发展了名为元素主义的理论，该理论在心理学中一直延续至今。他认为，

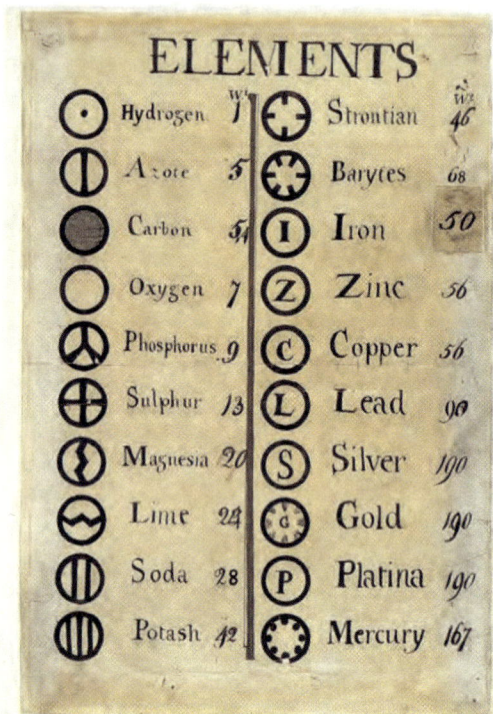

英国化学家约翰·道尔顿指出，所有元素（物理宇宙的基本组成部分）都是由微小的、不可分割的粒子组成的，这些粒子被称为原子。不同元素的原子有不同的重量，道尔顿在这里列出了一个表格。他的研究影响了威廉·冯特的元素主义理论。

心理学家应该对意识过程进行分析，并将其分为元素（即较小的部分和过程）。这一理论受到约翰·道尔顿的原子理论和德米特里·门捷列夫（Dmitry Mendeleev）制定的元素周期表的影响。

冯特认为，意识的各个元素相互联系，并且可以通过研究来确定这些联系。如果可以发现规律，人们就可以了解联系是如何形成和运作的。这一理论在现代心理学中以不同的术语存在。冯特讨论的是我们现在所说的大脑中的神经网络，以及它们如何通过神经通路进行交流。

心理过程的时间

冯特扩展了元素论的概念，相信某些心理过程需要固定的时间来完成。他认为，当同一思想被不断重复时，随着每次使用，其元素之间的联系变得更加紧密。这有助于解释冯特在反应时间实验中反复出现的一个结果。在这些实验中，受试者尽可能快地对一个刺激做出反应，并仔细测量反应时间。

冯特发现，人们在练习后会更好地掌握某项任务，但达到一定程度后，他们会达到一个固定的最快反应时间。例如，如果研究人员要求受试者在看到绿色物体时尽快点击一个按钮，在经过一段时间的练习后，他们点击按钮的速度会越来越快，但到了某一时刻，无论他们再怎么练习，都不会有进步。

联想的概念

在一项研究中，冯特表明，人的思维被设计用于在不同的经验水平上感知世界。他用一项记忆任务证明了这一点。受试者被要求简短地看一些随机字母，然后尽可能多地回忆起来。结果显示，他们平均可以回忆起四个字母，通过练习，他们能回忆起的字母总数增加到六个。

随后，冯特向受试者展示单词，受试者回忆起的单词数量与他们之前回忆起的字母数量相似，尽管每个单词都有不止一个字母。这表明，当人们将信息（字母）组织成更大的单位（单词）时，就能处理更多的信息。后来，这个过程被称为"分块"（chunking）。

根据这些数据，冯特提出了联想定律。首先是感觉的融合或混合，冯特用"感觉"一词来指代许多东西，从情绪到声音。其次，冯特认为，两种或两种以上的感觉可以融合成一种单一的感觉，尽管它们最初独立存在。他还认为，类似的事物之间更有可能建立联想。

他认为，大脑是由流动的化学物质组成的复杂器官，这些化学物质有时在一个区域更活跃，有时在另一个区域更活跃，整个大脑不断进行相同的化学心理活动。

现代神经科学认为，大脑中不同的"系统"一直在运作。这些化学物质之间的关系错综复杂，尚未得到很好的理解。因此，冯特对神经科学做出了重要贡献，尽管他对大脑的观点并非在所有细节上都是正确的，但基本上是有的放矢，其成果对当代神经科学研究仍有意义。

冯特还提出了神经系统结构理论，推测神经冲动的传导一定含有化学成分，他称之为化学过程。他认为，神经细胞向其他细胞发出了三种类型的化学过程。单极（或单端）细胞只能发出一种类型的化学过程，双极（或双端）细胞可以发出两种类型的化学过程，而多极细胞可以发出多种类型的化学过程。单极细胞最不常见，双极和多极细胞是人类生命生理活动的重要中心。冯特认为，双极和多极细胞建立的联系使行为变得复杂。冯特所掌握的技术并不像今天这样先进，但他的大部分观点已被证明是正确的。然而，研究表明，神经细胞之间的相互关系比他所假设的更为复杂。

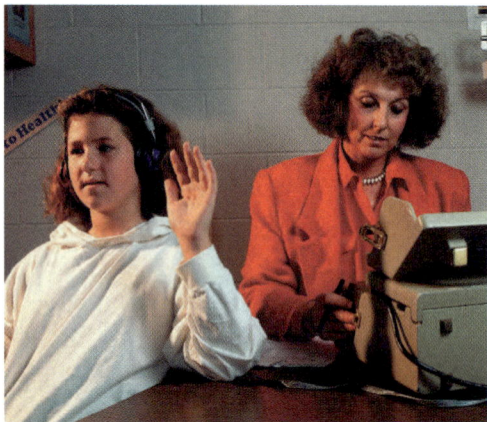

图为一位校医在反应时间实验中检查一名学生的听力。该学生尽可能快地对一个刺激物做出反应。

威廉·冯特（最右）与一些同事在他创建的德国莱比锡大学实验室。

大脑和神经细胞理论

《生理心理学原理》是冯特最重要的著作，书中描述了他对大脑如何运作的观点。在冯特的模型中，大脑活动源于化学活动。

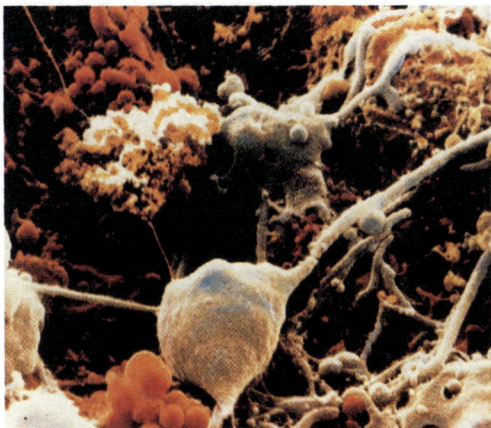

照片中为胶质细胞（红橙色）、神经元或神经细胞（大片灰色），以及连接神经元的细长附属物（轴突和树突）。当一个神经元放电时，它从轴突的末端分支释放化学神经递质，这些化学物质刺激相邻的树突，并可能导致相关的神经元放电。一些神经元有单个树突，一些有两个树突，还有一些与其他神经元有多种联系——这与冯特设想的方式基本相同。

现代神经细胞理论采用了一种生物化学方法来理解神经系统的活动。神经细胞或神经元接收来自感官（视觉、听觉、味觉、嗅觉和触觉）的信息，控制身体有意识和无意识的运动，并通过电脉冲传递信息。正如冯特所预料的那样，多重连接允许神经控制复杂的行为。

冯特的不朽之作

冯特一生中发表了超过 53 000 页的理论文章——这个总数不包括对其最重要的出版物的修订。虽然心理学研究是他工作的主体，但他也写了一些诸如逻辑学和伦理学主题的著作。著名心理学家威廉·詹姆斯称，对冯特的理论进行反驳是徒劳的，因为他一直在修改、否定自己的成果，或完全发展另一个研究领域。冯特的工作范围如此广泛，以至于学者们难以确定其许多理论的最终形式。

冯特对实验研究法的使用最终将心理学从哲学中分离出来，而他对还原论（认为可以用物理科学更恰当地解释心理学）的反对将心理学与生理学区别开来。因此，心理学作为一门独立的科学学科，其丰富的历史真正始于冯特的工作成果。心理学入门教材常常淡化冯特的重要性，但现在很多人认为这是对冯特影响的严重误读，更恰当地讨论心理学历史的教科书往往会用一章来介绍冯特。

20 世纪 20 年代，行为主义作为一个新的心理学流派开始流行。行为主义摒弃了对心智的研究，而倾向于研究行为，至少在 1960 年前，行为主义一直主导着美国心理学。但最近，对心智的研究再次成为焦点。因此，新一代的心理学家对冯特的工作成果心怀赞赏与感激。

颅相学

颅相学由弗朗茨·约瑟夫·加尔创立，并由约翰·卡斯帕·斯普茨海姆（Johann Kaspar Spurzheim）和乔治·康伯（George Combe）进一步发展，于19世纪开始流行。颅相学看似使用了科学技术，但已被科学研究完全否定，尽管它在20世纪广为流行，并具有巨大的吸引力。

颅相学的理论基础是所有思维能力都位于大脑的特定区域。这些区域影响着头骨的形状，这意味着思维能力和性格特征可以通过研究头骨的形状来确定。例如，如果一个人的记忆力良好，负责记忆功能的大脑区域就会扩大，在这个人的头骨上就会很明显。加尔和其他颅相学家在头骨模型上绘制了详细的大脑图，标明了各种结构及其功能。

颅相学的一些早期研究是在监狱中进行的，加尔称他发现了一些"罪犯"的特征。虽然冯特认为思维活动发生在大脑的特定区域，但他反对颅相学，因为他认为这些区域并不是绝对的。冯特认为，思维活动发生在整个大脑中，某些区域在特定时刻更活跃，他不相信脑组织会影响头骨的形状。

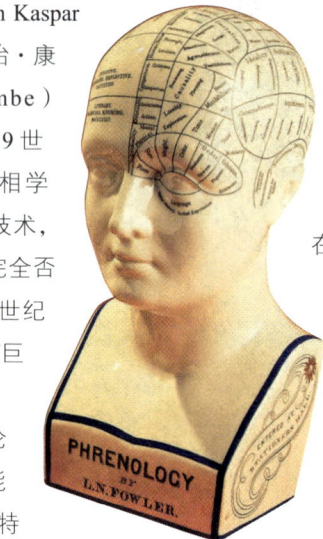

该颅相学头骨是基于加尔的26个主要"器官"或能力的地图。其他颅相学爱好者对其进行了一些改编。

结构主义

爱德华·布拉德福德·铁钦纳是冯特的学生，他在美国推广了心理学的科学研究。来自英格兰的铁钦纳在莱比锡大学跟随冯特学习，于1892年获得莱比锡大学博士学位，随后他转到康奈尔大学，在那里建立了一个富有成效的心理学实验室。在跟随冯特学习期间，铁钦纳学会了内省的科学方法，并将其引入美国。

铁钦纳的工作重点是心理事件，特别

是心理事件的内容。在铁钦纳看来，心理学研究的基本任务是发现意识元素的本质。他想将思维分解成组成部分来分析，从而发现心理的基本结构。因此，他决定将他的心理学理论命名为结构主义。

与铁钦纳的观点相反，冯特认为不能用内省来研究复杂的心理现象。然而，铁钦纳坚决反对，他坚信所有心理现象都可以在实验室中进行科学的研究。

E.G. 波林是铁钦纳的学生，他撰写的《实验心理学史》是最早的关于心理学历史的重要教科书之一。该书第一版于 1929 年出版，第二版于 1950 年出版。这本书的出版非常有利于传播铁钦纳的声誉，但它声称铁钦纳和冯特都认同使用科学方法论作

爱德华·布拉德福德·铁钦纳于 1892 年在莱比锡大学获得博士学位。从 1898 年起，他一直是美国结构主义的主要倡导者。

为研究所有心理现象的手段，这一点是错误的。波林是忠实的结构主义者，他认同铁钦纳的观点。

> 所有科学都有着相同的主题，物理学和心理学的基础成分没有本质区别。
>
> ——爱德华·布拉德福德·铁钦纳

许多康奈尔大学的博士生跟随铁钦纳学习。在他任职的 35 年中，有 50 名博士生在他的指导下获得了学位，其中三分之一是女性。铁钦纳主导了这些博士生研究课题的选题，从而影响了这些年轻学者对该领域的研究内容。

结构主义主导了美国心理学数十年。行为主义之父约翰·华生称，结构主义及其方法论具有不可接受的主观性，他认为只有当心理学的研究对象是行为而非心智时，才能实现客观性。但即使是行为主义也要归功于冯特的研究成果。行为主义既是科学心理学的基础，也是一个赞赏与质疑共存的思想学派。

思想学派

心理学家对心智如何运作或应该如何研究持有特定的观点，这些心理学家组成的团体被称为学派。

结构主义是心理学史上的第一个学派，它将心理学定义为研究正常成人心理结构的学科。铁钦纳创立了结构主义，是结构主义最著名的倡导者和代言人。大约在 1895 年至 1920 年间，结构主义学派是美国心理学的主导。

与此同时，结构主义的批评者开始形成一种新的思想学派，称为机能主义，美国心理学家威廉·詹姆斯是机能主义的带头人。机能主义将心理学定义为研究心理机能的学科。机能主义虽然挑战了结构主义，却从未取代它。

约翰·华生对结构主义和机能主义都进行了挑战，将行为主义确立为美国心理学思想的主导学派。行为主义将心理学定义为研究行为的学科，于 1920 年至 1960 年主导美国心理学。欧洲也有两个重要的思想学派——格式塔心理学和精神分析。格式塔心理学将心理学定义为研究人们如何从整体上理解感知体验（格式塔在德语中是"整体"的意思）。马克斯·韦特海默、沃尔夫冈·科勒和库尔特·科夫卡是格式塔心理学的主要支持者。精神分析将心理学定义为研究潜意识的学科，主要代表人物是西格蒙德·弗洛伊德。

20 世纪 60 年代，卡尔·罗杰斯和亚伯拉罕·马斯洛创立了人本主义，将心理学定义为研究人格和人类成长的学科，并挑战了美国心理学中的行为主义。然而，认知心理学成为美国主要的思想学派，它将心理学定义为将心理作为信息处理器进行研究的学科。

第六章 机能主义

> 广义上讲，如今的美国心理学是机能主义的。
>
> ——E. G. 波林

机能主义心理学派出现于 19 世纪末，当时心理学作为一门独立的科学学科从哲学中分离出来后不久。机能主义是一种研究心理学的方法，而非特定的理论。机能主义者认为应该根据特定的目的或功能来观察心理过程。

在机能主义之前，大部分心理学都是基于观察和描述的。机能主义者认为，这还不足以使心理学成为一门有用的科学。要成为一门有用的科学，心理学必须说明心理过程起到什么作用，以及它们如何帮助个体发挥功能。机能主义的创立归功于美国最早的（也是最著名的）心理学家之一威廉·詹姆斯，其他著名的机能主义者还有约翰·杜威、詹姆士·安吉尔、哈维·卡尔，以及心理学最早的女性先驱之一玛丽·惠顿·卡尔金斯。

机能主义的起源

在机能主义出现之前，心理学中最常见的方法或方法论是结构主义。结构主义（或结构心理学）关注的是用威廉·冯特设计的内省法来识别和描述心理过程（主要是意识）。结构主义者还希望把意识分解成独立的部分，认为只有确定了每个部分之后，他们才能理解心理过程是如何运作的。

结构主义者认为，内省者必须经过仔细的训练，并遵循严格的步骤，这限制了内省法的使用。许多研究者发现这种方法太难，而且无法预测。科学家们还发现，内省者报告的结果因人而异，因为人们的经验各不相同。一种方法要具有科学的有效性，就必须让所有使用它的人都获得相同的结果。

人们发现用结构主义研究心理学的方法有限的另一个原因与身心分离的古老哲学问题有关。几个世纪以来，哲学家们一直在辩论心智和身体之间的关系，讨论它们是不是独立的实体，心智是不是身体的一部分。冯特等早期心理学家认为，心智不是物理实体，心智和身体相互独立，但并行工作。心智的变化与身体的变化相对应，但两者无法相互影响（心智无法影响身体，身体也无法影响心智）。

对一些人来说，这种观点没有多大意义。的确，心智似乎控制着身体，而身体有时似乎也会影响心智。例如，身体的疲劳或饥饿可能会影响情绪。结构主义者称，这种相互作用是一种幻觉。但身心相互作用是一个强有力的观点，许多人决心探究这一观点是否正确。

到 19 世纪后期，描述性科学被实用科学所取代。大多数科学家没有对自然进行观察和分类，而是对自然过程的目的感兴

威廉·詹姆斯提倡对其他文化中的人进行比较研究，作为了解人类心智和行为的一种方法。例如，对因纽特人的研究表明他们是如何在身体上和心理上适应寒冷环境中的生活的。

趣，希望他们获得的知识能很好地派上用场。到 20 世纪初，内省法也被弃用，因为人们不再认为内省法足够客观。

威廉·詹姆斯

威廉·詹姆斯出生于纽约市，是著名小说家亨利·詹姆斯（Henry James）的哥哥。威廉·詹姆斯在哈佛大学接受过医学培训（尽管从未实践过），后来在哈佛大学教授生理学，最后转向哲学领域的教学。

詹姆斯将其哲学思想建立在实用主义的概念上（这也是他一部哲学著作的标题），实用主义指的是知识和思想的运用。思想只有在具有特定的目的时才有价值。詹姆斯曾将实用主义的标准应用于他的心理学理论，这些理论关注的是不同心理过程的目的，而非描述。

詹姆斯对心理过程实用性的兴趣奠定了机能主义运动的基础。詹姆斯的经典著作《心理学原理》于 1890 年首次出版，他在书中概述了一种在当时截然不同的心理学。与结构主义者一样，詹姆斯使用内省作为检查自己大脑运作的主要方法，但不同的是，他认为自己心智的运作具有适应性，有着特定的目的。

詹姆斯认为，个人有着特定的需求，

适应性

查尔斯·达尔文关于适应性和进化的研究成果是科学界对自然过程的目的产生兴趣的主要原因。达尔文提出，许多动物的身体特征和行为都具有适应性，因此，动物的行为方式有助于它们在环境中生存。随着时间的推移，继承了适应性行为倾向的生物体在生存、繁殖以及将这种倾向传给后代方面最为成功。行为有目的（以及动物行为值得研究）的观点由达尔文推广，成为机能主义者的核心信念。

焦点

关键日期

- 《心理学原理》威廉·詹姆斯
- 《心理学中的反射弧概念》约翰·杜威
- 《心理学导论》玛丽·惠顿·卡尔金斯
- 《儿童与课程》约翰·杜威
- 《心理学：人类意识结构和功能导论》詹姆士·罗兰德·安吉尔
- 《实用主义：一些旧思想方法的新名称》威廉·詹姆斯
- 《心理学：心理活动的研究》哈维·卡尔

威廉·詹姆斯的早年生活并不平静，而且健康状况不佳。直到30多岁，他才开始成为一名富有创造性的思想家。他的心理学和哲学著作在英语世界中产生了巨大的影响。

环境可以提供相应的解决方案，心智的作用是在两者之间进行调节。他认为其心智之所以如此运作，是因为这样能帮助他适应周围的世界。意识具有目的性的观点使詹姆斯有别于结构主义。他还认为，要理解心智的用途和目的，必须将意识看作一个整体，而不是像结构主义者那样将其分解成各个部分。打个比方，想象一下你试图理解"手表"的概念，你知道手表是由齿轮和弹簧组成的，但这并不能帮助你了解它的报时功能。为了了解手表的用途，你必须观察它的功能以及它与环境的关系。

与结构主义者不同，詹姆斯坚信心智和身体是相互作用的。据他所说，有时心智会影响身体，有时身体会影响心智。詹姆斯在其书中用大量篇幅论述了生理机能（人体的生理功能）及其对心理过程的影响，他把某些类型的活动归为身心之间不同种类的相互作用的结果。例如，他认为习惯和本能是大脑和感知系统的产物，几乎不来源于心智。詹姆斯认为这是具有适应性的，因为这样心智就可以自由地做其他工作。另一方面，他认为意识、理性和自我主要是心理活动的结果，即心智组织行为。然而，在这两种情况下，詹姆斯都证明了精神和身体是相互影响的。这样一来，他为机能主义提供了一种新的研究方法和焦点——行为。虽然结构主义者专注于内在的心理过程，认为行为与心理学无关，但身心之间的相互作用确实使行为研究变得非常重要。

《心理学原理》

焦点

詹姆斯的《心理学原理》于1880年开始创作，目的是作为一本心理学教科书。但10年后最终出版时，它已经成为一部两卷本的巨著（简化版的教科书于1892年出版）。詹姆斯在《心理学原理》中提出了几个特别有影响力的观点。他认为意识是一个过程（他称之为"意识流"），而非一个静态的系统。詹姆斯还研究了习惯和本能在人类行为中的作用。他认为，当身体在进行某项任务时，习惯和本能使心智能进行其他工作。詹姆斯视推理为人体组织提高生存能力的一种手段，并发展了一种颇具影响力的情感理论，认为感觉引起行为，然后产生了对情感的心理意识。詹姆斯还确定并概述了自我的概念，这在几十年后成为心理学的一个重要主题。然而，詹姆斯的主要工作成果是将心智研究与生物学和科学实践联系起来，并将思维和知识与生存的意志联系起来。

詹姆斯的书对不断发展的心理学领域产生了立竿见影的影响，特别是在美国。该书是美国出现的第一部重要的心理学著作，其简化版成为几代心理学学生的主要教科书。事实上，该书至今仍在出版。最重要的是，一代研究者认真研究了他的工作，并深受其影响，詹姆斯因此荣获"心理学之父"的称号。

> ……但是思维在经验中执行一项功能，为了实现这种功能，思维的本质被唤起。这个功能就是认知。
>
> ——威廉·詹姆斯

詹姆斯还认为，研究心理学的方法应该得到扩展和发展。例如，虽然他认为内省在研究意识方面是一种有效的方法，但他不认为一个人必须接受仔细的训练才能使用这种方法，只要有敏锐的洞察力，能谨慎报告"事实"就足够了。这样一来，人们便能更容易和灵活地使用内省法。

詹姆斯认为实验和比较研究（将人与动物进行比较）也可用于心理学。尽管心理学实验尚未发展起来，但詹姆斯认为它在理解心智和行为方面是有用的。他还认为，研究动物、儿童、其他文化背景的人，甚至是研究精神病患者，都有助于将心理学发展为一门科学。

反射弧

1896 年，芝加哥大学心理学系的创始成员约翰·杜威发表了一篇题为《心理学中的反射弧概念》的论文。术语"反射弧"用来描述生物体对世界的反应。结构主义者曾试图通过分离感觉、知觉和意识来解

像日本东京的这些普通上班族，日复一日地重复着同样的行程。詹姆斯认为，心智不需要过多输入就能执行这种习惯性的行动，这使其能够专注于新的任务或思考。

约翰·杜威是美国最广为人知、最具影响力的教师之一，他撰写了大量关于心理学、哲学的学术文章和书籍。他对实用主义、功能心理学和现代教育做出了贡献，并因此而闻名。

释这一概念。杜威指出，只有将反射弧作为一个整体事件来看待，而非仅仅是各个部分，才能正确理解它。他举了一个例子。一个孩子看到火焰，触摸了它，并烫伤了自己的手指。孩子会本能地收回手指，此

后也不会再去触摸火焰，因为他记住了自己曾经被烫伤过。事件发生的顺序改变了孩子对火焰的感知，火焰从吸引变成了危险。从这种角度来看，反射弧有一个特定的目的：帮助我们避免危险和伤害，这表明了生物体不仅会被动地接受来自世界的信息，而且会主动地操纵自己所处的环境，"学习"从一开始就涉及其中。

杜威后来对教育心理学产生兴趣。他是以学生为中心而非以学科为中心的教学方法的创始人之一。以学生为中心的教学方法注重学生的能力和喜好，教师则作为引导者，而非监工的角色。

詹姆士·罗兰德·安吉尔

詹姆士·罗兰德·安吉尔曾在密歇根大学的杜威和哈佛大学的詹姆斯手下学习，但从未获得博士学位。安吉尔跟随杜威来到芝加哥大学，当时芝加哥大学心理学系成为机能主义的中心。安吉尔最著名的学生之一是约翰·华生，他与机能主义决裂，创立了行为主义学派，对20世纪的心理学产生了巨大影响。

安吉尔在一篇题为《结构和功能心理学与哲学的关系》（The Relation of Structural and Functional Psychology to Philosophy）的

著名论文中阐述了结构心理学和机能心理学之间的区别，该论文抨击了结构主义的主要观点，试图表明在理解心理过程方面，结构主义是无效且不准确的方法。他认为，试图理解心理活动的各个组成部分而不确定其目的是一种毫无意义的做法，因为不联系整体就无法理解这些部分。尽管这些并非新的观点，但安吉尔试图定义机能主义的要点。

> 每一个心理行为都可以……从三个方面进行研究：它的适应性意义，它对先前经验的依赖性，以及它对生物体未来活动的潜在影响。
>
> ——哈维·A.卡尔

安吉尔最著名的作品是《心理学：人类意识结构和功能导论》，该书涵盖了广泛的意识经验、感觉和知觉，以及神经系统的生理学。在整本书中，安吉尔专注于对各种现象的功能性解释，总是试图说明它们是如何帮助人们适应环境的。他还坚持认为心理和身体之间存在密切的互动关系，并关注心理过程的发展方式。

哈维·A.卡尔

在芝加哥跟随安吉尔学习后，哈维·A.卡尔开始负责芝加哥大学心理学系的工作，当时安吉尔已经去耶鲁大学（Yale University）担任校长。在卡尔的领导下，机能主义的影响力达到顶峰。

图中，婴儿对蜡烛火焰的第一反应是吸引，并且他一定会被阻止伸手去抓。但是，如果他的手指被烧伤，这一经历将永久改变他对火焰的感知。杜威和安吉尔等心理学家认为，包括人在内的动物会主动学习并适应环境，而不仅仅是被动地接收信息。

卡尔的机能主义与安吉尔的不同之处在于，他更关注行为，这反映了美国心理学对行为进行研究的趋势，尽管卡尔本人仍在研究心理过程。像其他人一样，卡尔意识到，只有当心理学的方法被认为是真正科学的方法时，它才能发展成一门科学。因此，机能主义越来越多地依赖实验作为收集数据的方式，而内省法则变得不那么重要了。实验比内省更客观，在严格的对照实验中，不同研究者产生相同结果的可能性更高，从而使实验更加科学、有效。

卡尔于 1925 年发表了他最重要的著作《心理学：心理活动的研究》。在书中，他对心理学领域进行了研究。他的研究主要聚焦于人类行为，将行为视作帮助人们适应环境的方式。据说每种心理活动（如思考、记忆、感知和推理）都有一个目的，指导着人的行为。卡尔认为，所有行为都可以被看作是一种适应性行为，由刺激物、对刺激物的感知和对刺激物的反应组成。

机能主义的遗产

机能主义从 20 世纪初开始失去影响力，到 1920 年，行为主义已经成为美国最流行的心理学派，它在某种程度上源于机能主义，因为机能主义强调了行为的重要性。

机能主义与其说是一种理论，不如说是一种心理学方法。随着时间的推移，它被其他系统所吸收，其最明显的影响最终体现在测试心理能力方面，因为心理学家认为心理能力对人们能否在学习和工作中取得成功起着重要作用。大多数心理学家都认同，了解心理过程的目的以及心理和身体的相互影响非常重要。许多机能主义方法至今仍在使用。

人物传记

玛丽·惠顿·卡尔金斯

玛丽·惠顿·卡尔金斯是最早研究心理学的女性之一。由于性别，她面临着巨大的挑战，但她克服了这些困难，并为心理学领域做出了持久的贡献。

卡尔金斯最初在韦尔斯利学院（Wellesley College）担任希腊语教师，不久后对心理学产生了兴趣。她最初考虑在密歇根大学师从杜威，但最终决定在哈佛大学跟随詹姆斯学习。起初，虽然詹姆斯支持，但她被禁止参加讲座，因为她是女性。这种情况后来有所改变，但她从未被授予哈佛大学的学位。尽管如此，她还是回到了韦尔斯利，在那里创立了心理学系和一个心理学实验室。1905 年，她被选为美国心理学会的首位女主席。

卡尔金斯在心理学的许多领域进行研究。她研发了用于研究记忆的成对联想技术，她是将自我作为心理实体研究的早期先驱，她反对男性和女性有重大心理差异的观点（这一论点最近被进化心理学家所采纳）。

卡尔金斯对机能主义的主要贡献是试图将其与结构主义结合起来，归纳为自我心理学。卡尔金斯认为，除非确定心理过程的每个部分，否则无法完全理解心理过程的目的。她进一步认为，对精神生活结构和功能的最佳理解为服务于自我，即心理学研究中心的"个体"。

玛丽·惠顿·卡尔金斯获得了两个荣誉学位，尽管哈佛大学拒绝为她在那里的学习授予学位。

第七章　格式塔心理学

人不会把事物看作不相关的独立物……

——弗里茨·珀尔斯

　　格式塔心理学反对早期试图分离心智功能的心理学方法。德语单词"格式塔"（gestalt）的意思是"形式"或"整体"。格式塔心理学家将心智视为一个整体，认为人们通常感知的是统一体而非单个元素，如感知一首音乐的旋律而非一连串音符。20 世纪 50 年代，弗里茨·珀尔斯采用格式塔的观点创造了一种心理治疗方法。

格式塔心理学始于 1910 年的德国。出生于捷克的心理学家马克斯·韦特海默在乘坐火车旅行时，在一个铁路交叉口看到了闪烁的灯光，这些灯光就像环绕着剧院的字幕，他因此产生了一个想法。他在法兰克福下车，买了一个叫做"西洋镜"（Zoetrope）的动态影像玩具。在酒店房间里，韦特海默找了一些纸条，并在上面绘上图案，这些纸条上的画不是由可识别的物体组成，而是由抽象的、从垂直到水平的线条组成的。通过改变这些元素，他能够研究造成动态图像错觉的条件，在这

这个西洋镜制作于 1886 年，图中的塑像是一连串显示鸟类飞行的照片。旋转这个西洋镜，并通过西洋镜边缘的缝隙观看时，这些连续的塑像似乎成了一个单一的、移动的图像。

种错觉中，快速且连续显示的静止物体似乎在移动，因为大脑无法将其作为单独的元素感知，所以将其视为一个移动的图像。这种效果被称为"视移"，韦特海默称其为"似动现象"。根据韦特海默的说法，似动现象推翻了先前关于单个刺激如何被感知的理论。他提出，大脑将刺激视为一个有意义的"整体"，而非一组独立数据的组合。

格式塔理论的创始人

　　韦特海默与他的两位助手沃尔夫冈·科勒和库尔特·科夫卡一起研究了似动现象，并于 1912 年

在一篇题为《似动现象的实验研究》的论文中发表了他们的研究成果。这三位心理学家坚信，被结构主义者和其他心理学家采纳的分段方法不足以研究人类行为，他们三人因此成为德国格式塔学派的核心人物。他们因第一次世界大战而分别，当科勒被任命为柏林大学心理研究所主任时，他们又得以重聚，当时韦特海默已是该校的教员。该研究所的学生不需要参加讲座，而是利用其他学生作为对象进行研究，并准备发表文章。

1920 年，韦特海默和科勒创办了《心理学研究》杂志，用于发表格式塔心理学家的研究成果。1929 年，韦特海默成为法兰克福大学的心理学教授，在那里，他批评传统的逻辑形式忽视了人们在解决问题时对他们所感知的事物进行分组和重组的方式。

最少的努力

根据当时的感知理论，我们的感官获取的关于物理世界的信息是简单的，通常是无法察觉的感觉。例如，背景对话被认为是可以听（察觉）到的，但无法被感知（聆听），因为它是在人的注意力之外经历的。早期的心理学家，特别是那些结构主义学派的心理学家，把这些现象分解为单独的组成部分，如感觉、图像和知觉。这种观点没有考虑到当我们把这些现象作为一个整体感知时，它们所具有的额外意义。

韦特海默称，观察者的神经系统将所经历的刺激组织成一个整体（或称为格式塔），而非许多单独的印象。大脑寻找到一条捷径，把刺激物组织成信息组，就像我们把同一主题的所有文件放在一个档案里，或者把一个假期的所有照片放进一个相册里。韦特海默和后来的科勒认为，大脑将感知的事物组织成"整体"，神经系统的构成也反映了这一点。

马克斯·韦特海默于 1880 年出生于布拉格，他在转向心理学之前学习法理学（法律哲学）。他访问了布拉格、法兰克福和维也纳的精神病院，然后在法兰克福与沃尔夫冈·科勒和库尔特·科夫卡一起开始研究格式塔理论。

> 在某些情况下，整体上发生的事情无法从单独片段的特征中推断出来。
>
> ——马克斯·韦特海默

现代神经心理学对格式塔心理学关于大脑组织方式的大部分观点提出疑问。虽然我们现在知道神经纤维是按照限制其功能的模式排列的，但没有证据表明韦特海默和他的同事所相信的整体图像模型存在。另一方面，格式塔心理学家提出的许多关于我们如何感知现象的问题是我们理解现代感知和心智理论的核心。

韦特海默的组织概念被称为"简洁原则"（Prägnanz）。他指出，当事物被视为一个整体时，思考所花费的能量就会最小化。我们可以将他的理论扩展到对人的思考。例如，我们更容易将一群足球运动员看作是一个团队，而非单个球员。如果我们试图同时思考一个以上的运动队，就能最清楚地理解这个概念：将球员视为两个或三个整体（团队）比视为许多个体成员要容易得多。

格式塔心理学和社会心理学

格式塔理论的另一个核心思想是"背景下的图形"。例如，在一幅画中，格式塔理论认为整个画面都很重要，包括风景和人物，而非仅仅是其中一个元素（如人物形象）。格式塔心理学家将个体视为一种图形，处于与他人社会关系的背景中。一个人不仅是自己生活的一部分，也身处其他人中间。当一群人共同工作时，他们很少会是一群独立人格的集合。相反，共同的事业成为他们共同关心的问题，每个人都作为整个团体的一个功能部分而工作。

根据韦特海默的说法，"只有在非常特殊的条件下，'我'才会独自体现出来。然后，平衡……可能会被打破，并让位于一个……新的平衡"。关于人们如何与群体发生关系。他的看法预示了跨文化心理学的一些发现。跨文化心理学将传统的西方个人心理观与考虑整个群体的其他文化的心理观进行对比。与传统心理学相比，这种文化对个人的看法更为"全面"。

关键日期

- **1912 年** 韦特海默发表了第一篇关于感知的研究报告。
- **1927 年** 鲁道夫·阿恩海姆访问包豪斯。
- **1933 年—1935 年** 格式塔心理学的主要人物离开德国前往美国。
- **1947 年—1969 年** 弗里茨·珀尔斯和劳拉·珀尔斯于美国发展了格式塔疗法。

感知的格式塔法则

1923 年，马克斯·韦特海默发表了一篇题为《形式理论》的论文，该论文也被称为"点的论文"（the dot essay），因为它运用了点和线的抽象图案进行说明。韦特海默称，我们天生就倾向于将元素"归为一类"去感知，这增强了某些形式。这种增强发生在看起来相似的元素（相似性分组）、位于一起的元素（邻近性分组）或具有视觉连续性的元素（封闭性分组）中，体现在右面的三个例子中，分别是邻近性、相似性和封闭性。

魔术师运用这三种现象的效应，利用我们将类似事物联系起来的能力来秘密地隐藏或揭露物体，并利用伪装来欺骗我们的头脑，使之将不相关的物体或表面区域进行分组。这种分组倾向被韦特海默概述的某些定律所支配：

（1）部分的外观取决于整体；

（2）对相似性和邻近性的判断总是相对的；

（3）艺术作品（如绘画）有目的地将某些元素分组，如按照颜色和距离分组。

一个实际的应用便是这本书中的这一页，它用一个方格将元素（文字、图像）排列成组（段落和列）。通过将这些感知法则放在一个方格里，这些内容得到了强调，你会认为这是一个独立于其他部分的单元。

封闭性

我们认为这个图形是正方形，尽管它不完整：思维填补了空缺。

邻近性

我们认为这个图形是由两条线或条纹组成的三组，而非六条独立的线。

相似性

我们将这 20 个独立的点看作两列橘色的点和两列黄色的点。

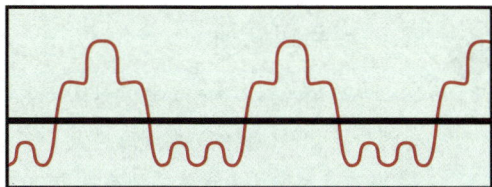

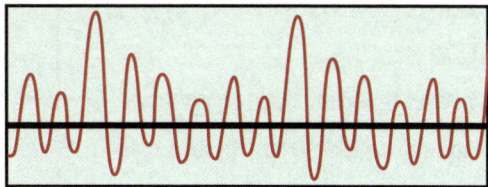

上图显示了由不同乐器演奏同一首曲子所产生的声波。根据格式塔理论，如果我们听过这首曲子的一个版本，那么再次听到它时，我们的记忆会对整体形式进行处理，使我们能够认出这个旋律，即使它是由另一种乐器演奏的。

美国的格式塔心理学

德国纳粹的迫害最终迫使韦特海默、科夫卡和科勒逃到了美国。在接下来的二十年里，他们在美国发表了对格式塔理论的主要论述，并将格式塔方法扩展到感知、问题解决、学习和思维等其他领域。科夫卡对感知进行了原创性研究，并调查了行为模式在早期是如何发展的。科勒对黑猩猩进行了重要的研究，调查它们如何学习、思考、制造工具，以及它们如何在有计划的行动中表现出洞察力。在科勒的努力下，格式塔心理学的观点被其他心理学流派广泛接受。

> 我们如释重负，就像从"照本宣科的心理学"监狱中逃了出来。
> ——沃尔夫冈·科勒

格式塔疗法

格式塔疗法借鉴了格式塔理论的中心思想，如封闭的需求。格式塔疗法是人本主义疗法的一种形式，它试图将感知的规律应用于个人生活经验。人本主义疗法表明，每个人都必须在自己的生活背景下被理解。格式塔疗法强调整体的个人（整体观念），关注整个人和来访者的自我意识感。正如"格式塔"是一个可以根据感知领域或背景来辨别的图形或图案，格式塔疗法鼓励个人在自己的生活和经验的背景下审视自己（图形）并考虑全局，而非仅仅考虑自己的内在感受。在格式塔疗法中，重要的是个体要认识到自己此刻是谁。患者经常被要求叙述未解决的或创伤性的经历，并说出在叙述这些经历后他们的感受。通过坦白自己的感受，他们可以更好地了解这些经历对自己的影响，并学会如何应对。

弗里茨·珀尔斯和他的妻子劳拉在 20 世纪 50 年代发展了格式塔疗法。珀尔斯认为，心理治疗的任务是突出

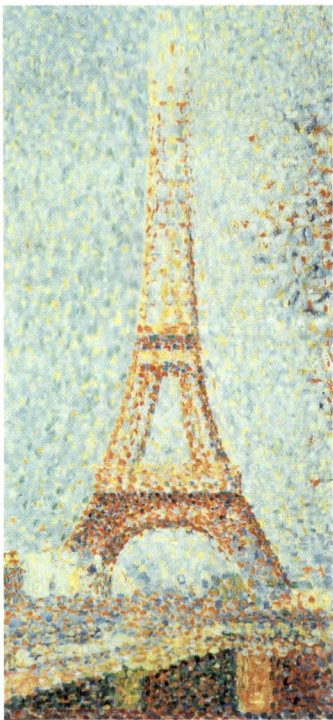

法国艺术家乔治·修拉（Georges Seurat）运用格式塔理论，在他的画作《埃菲尔铁塔》（Eiffel Tower）中利用了我们对相似元素的分组能力。这幅画由上万个独立的色点组成，但是我们会将这个结构看成一个整体。

心理学与社会

格式塔与包豪斯

虽然格式塔心理学家都不是艺术家或设计师，但他们的许多观点启发了包豪斯的艺术家和设计师。包豪斯是 20 世纪 20 年代末和 30 年代初德国一所重要的艺术和设计学院，它影响了世界各地的设计和建筑。

格式塔心理学家卡尔弗里德·杜克海姆于 1930—1931 年在包豪斯讲课，听众包括艺术家保罗·克利（Paul Klee）、瓦西里·康定斯基（Wassily Kandinsky）和约瑟夫·阿尔贝斯（Josef Albers）。早在 1925 年，克利就知道了马克斯·韦特海默的研究，并在自己 20 世纪 30 年代的画作中使用了韦特海默 1923 年发表的"点的论文"中的一些示意图。阿尔贝斯重新唤起了艺术家们对"同时对比"观点的兴趣，几个世纪以来，他们都知道这一现象，即同一颜色因其背景颜色的对比，似乎具有不同的强度和亮度。例如，在绿色背景下显示的特定红色色调（高对比度）似乎比在橙色背景下显示的相同色调要亮得多。这种现象支撑了格式塔的观点，即我们感知的是整体而非独立的部分——看到图形和背景之间的动态关系，而非图形本身。这一概念是格式塔心理学的核心理论之一。

鲁道夫·阿恩海姆于 1927 年访问了包豪斯。后来，他成为哈佛大学视觉与环境研究系首位艺术心理学教授，并出版了 13 本关于格式塔理论和艺术的书籍。其著作《艺术与视知觉》对艺术和设计产生了巨大的影响。

很多艺术家接受了格式塔理论，因为它似乎为古老的构图和页面布局原则提供了科学验证。格式塔理论与现代主义认为所有艺术本质上都是抽象的设计，而设计在本质上是一种抽象的形式化活动。对现代主义来说，意义或艺术形式所表现的主题，不如元素的形式或组织来得重要，在这一点上，它与格式塔理论有着共同的本质特征。

格式塔心理学家鲁道夫·阿恩海姆访问包豪斯时称赞了其设计的清晰性。

1925 年，被称为包豪斯大师们的艺术家在德国魏玛（Weimar）的保罗·克利工作室聚会，其中包括保罗·克利（最右）和瓦西里·康定斯基（左二）。

主要作品

- 《似动现象的实验研究》，马克斯·韦特海默著。
- 《格式塔心理学》（Gestalt Psychology），沃尔夫冈·科勒著。
- 《格式塔心理学原理》，库尔特·科夫卡著。
- 《创造性思维》（Productive Thinking），马克斯·韦特海默著。
- 《格式塔方法和治疗的目击者》（The Gestalt Approach and Eye Witness to Therapy），弗里茨·珀尔斯著。

格式塔疗法可能基于一对一的讨论，但也可能涉及小组工作，鼓励个人在小组工作中向对方表达自己的感受。

人物（患者）和背景（经历）之间的差异，这种差异存在于反映患者需求的区域中，或格式塔（gestalten，gastalt 的复数）中。

根据珀尔斯的观点，健全的人可以将经历组织成区别明显的格式塔，因此对一种感觉与其背景的理解和区分十分清晰。然后，个人可以决定做出适当的反应。例如，身体里缺水的人会意识到口渴的格式塔，并会去喝水。生气的人如果意识到相似的感受，同样有一些反应可供选择：要么表达愤怒，要么让别人意识到他的愤怒，要么用其他方式发泄愤怒。没有意识到的

人可能会压制这种感觉，从而遭受挫折。

另一方面，神经症患者会不断干扰格式塔的形成，拒绝承认自己在某个特定时刻的感受，他们无法有效处理某些需求，因为他们打断和避免了相关格式塔的形成。

格式塔的遗产

如今，格式塔理论在心理学领域的影响并不明显，因为它的许多发现已经被最近的观点所吸收，但是在心理学史上，格式塔运动是对早期方法的重要修正，特别是在视觉感知领域，韦特海默的感知定律在视觉领域被公认为标准。格式塔理论也对"整体"治疗理念产生了深远的影响。

第八章　精神分析

> 如果你把你的小手指给它，它很快就会抓住你的整只手。

——西格蒙德·弗洛伊德

弗洛伊德在 100 多年前发展了精神分析学，对心理学和西方文化产生了持久的影响。一些早期的精神分析思想不像过去那样流行或被接受，很少有精神分析学家仍然相信弗洛伊德所说的完全正确，但是不断发展的精神分析学派仍然对现代心理学家思考心智和行为的方式产生着巨大的影响。

当我们运用精神分析这一术语时，我们实际上在谈论两个方面。第一，精神分析一定与一种人类行为的特定理论有关。精神分析理论指出，所有人类行为都有动机（由某种东西引起），但这些动机往往隐藏在个体内部——据说是无意识的。这种无意识动机的观点是区分精神分析和许多其他人类行为理论的主要概念之一。

第二，精神分析是指当人们感到痛苦或烦恼时可能会接受的一种治疗或咨询。精神分析疗法源于一般的行为精神分析理论，治疗师或咨询师试图了解哪些无意识的力量可能使人感到痛苦或不快乐。例如，是什么促使一个小男孩殴打或试图伤害他刚出生的弟弟，又是什么促使一个女人发现自己无法在亲密关系中做出承诺？

理论要点

一些人作为早期精神分析的主要人物脱颖而出，其中最重要的是其创始人西格蒙德·弗洛伊德。弗洛伊德是一名医生，他经常治疗身体失调的患者，这些奇怪的、难以解释的失调似乎不是由任何潜在的疾病或伤口造成的，这种情况常常被称为癔

维也纳医生西格蒙德·弗洛伊德创立了精神分析学，对 20 世纪的思想史产生了深远的影响。

症的表现形式。弗洛伊德开始相信，虽然这些患者的身体没有问题，但是他们的痛苦仍然是真实的，很可能是由一些隐藏的心理问题造成的。弗洛伊德开始询问患者的情绪和个人经历，试图确定他们的病因。弗洛伊德运用这个方法发展了精神分析技术。随着时间的推移，他阐述了许多关于人类行为的观点，这些观点被称为精神分析理论。

精神分析理论是理解人类行为的复杂系统，但只要专注于三个重要原则，我们就可以更容易地理解这些理论。第一个重要原则是，无意识的力量驱动着大多数的人类行为，这意味着人们通常不知道自己为什么会这样行事。即使人们可能认为他们知道自己为何做出这些行为，精神分析学家也会说他们是错误的。

第二个重要原则是，过去的经验塑造了人们当下的行为方式。精神分析学中，过去（尤其是儿童时期）发生的事情对于决定人们对当下和未来事件的反应来说极为重要。

第三个重要原则是，精神分析提供了一种方法，它可以帮助人们减少不快，更舒适地生活。精神分析疗法可以帮助人们了解激励自己的无意识力量和早期生活经历的影响，从而使人们能够应对痛苦和烦恼。

主要作品

- 弗洛伊德在 1894 年发表的论文《防御型精神神经症》中首次概述了他的防御机制概念。
- 《梦的解析》概述了分析梦境的重要性，以揭示受到抑制的欲望。
- 弗洛伊德的其他著名作品包括《日常生活的精神病理学》（*The Psychopathology of Everyday Life*）、《性学三论》（*Three Essays on the Theory of Sexuality*）、《图腾与禁忌》（*Totem and Taboo*）、《超越享乐原则》（*Beyond the Pleasure Principle*）和《文明及其不满》（*Civilization and Its Discontents*）。
- 弗洛伊德的两本书比较详细地介绍了其理论的基本原则，分别是精神分析入门讲座》（*Introductory Lectures on Psychoanalysis*）和《新精神分析入门讲座》（*New Introductory Lectures on Psychoanalysis*）。

弗洛伊德理论的起源

西格蒙德·弗洛伊德于 1856 年 5 月 6 日出生于现在的捷克共和国。他一生中的大部分时间生活在奥地利的维也纳，但身为犹太人，为了躲避纳粹的迫害，弗洛伊德最终被迫逃离维也纳前往英国，并于 1939 年 9 月 23 日在伦敦去世。

当弗洛伊德还在医学院时，他对癔症的兴趣使他在法国跟随医生让·马丁·沙尔科学习，当时，沙尔科用催眠治疗癔症（弗洛伊德后来拒绝使用催眠作为治疗形式，但他仍然对癔症的研究感兴趣）。当弗洛伊德回到维也纳时，他开始与一位名叫约瑟夫·布罗伊尔的医生合作。布罗伊尔一直在帮助癔症患者，并使用谈话疗法取得了一些成功。谈话疗法是与患者讨论可能被忽视的引起问题的原因。

弗洛伊德理论的原则

弗洛伊德和布罗伊尔都热衷于深入调查患者的私生活。弗洛伊德认为，他不仅可以开始了解令他的患者烦恼的原因，还可以找出导致其他人行为的原因。弗洛伊德理论的一个基本原则是，人类行为背后的主要动力是一种无意识的性欲驱动。他提出，所有人甚至是儿童都有强烈的性冲动，这些冲动不仅驱动性行为，也会驱动所有行为。这是人们烦恼的主要来源，因为性行为不被社会所接受（特别是在儿童身上，而成人只在某些特定情况下被接受）。弗洛伊德说，这种驱动力与社会生活的现实相结合，所产生的结果是冲突。这种冲突的结果决定了人们在日后生活中的行为和个性。

可以想象，弗洛伊德理论中关于性的方面在他所处的时代是特别令人震惊的，因为当时性和性行为是不能讨论的话题。这一理论如今仍受到广泛批评，主要是由于弗洛伊德坚持认为儿童有性驱力（尽管他们是无意识的）。

图为奥地利维也纳的综合医院，弗洛伊德于 1882 年作为医学生在此入学。

根据弗洛伊德的观点，人类行为的另外两个重要驱动力是情欲（生育的欲望）和死亡本能（死亡的力量或渴望回到出生前的无意识状态）。弗洛伊德在第一次世界大战后修改了他的理论，增加了死亡本能，包括生与死之间的紧张关系，死亡的本能被攻击性和自我保护欲所取代。

弗洛伊德理论的第二个主要原则是，精神生活是动态的，由身体和心灵之间的能量驱动。弗洛伊德认为，人格或心智存在于三个不同的意识层面。人格的一部分是有意识的，与思想和感觉有关，思想和感觉是人们在清醒时通常会经历的事情。人格的第二部分是前意识，主要由记忆和思想组成，这些记忆和思想虽然在当下是无意识的，但可以变得有意识。例如，想象一下，"你今天早饭吃了什么"这个问题的答案在你读到它之前并不存在于你的有意识思维中，但是可以通过你的前意识回忆起来。人格的第三部分——也是弗洛伊德理论最重要的部分——是无意识，无意识中存在着人们无法意识到的心愿、欲望和动机。

> 我认为战胜自己欲望的人比战胜敌人的人更勇敢，因为最难战胜的就是自己。
>
> ——亚里士多德

本我、自我和超我

弗洛伊德还认为，人格由管理动机力量的不同结构组成，他将这些结构命名为"本我""自我"和"超我"。本我在拉丁语中是"它"（it）的意思，自我是"我"（I）的意思，超我是"超过我"（over I）的意思。弗洛伊德将动机的来源定位于无意识的本我。在本我中存在动机、冲动和欲望。

弗洛伊德指出，本我根据"快乐原则"运作，其主要任务是通过释放背后的能量来满足冲动和欲望，从而产生快乐。自我是人格的一部分，它试图计划使本我释放能量并满足冲动的方式，因此，自我主要是有意识的。自我也是理性的，根据弗洛伊德所说的"现实原则"运作，即欲望和冲动可以被满足，但只能以特定的方式实现。自我阻止个人在任何时候做自己（或者说本我）所喜欢的事情。超我是一种约束自我、阻止本我满足冲动的结构。超我既是有意识的，也是无意识的，可以比作一个人的良知。即使自我可以想到方法，能在不给个体带来太多麻烦的情况下满足本我，超我也会确保其行为符合社会的期望。

弗洛伊德认为，人的个性由这些冲突

及其结果发展而来。从出生的那一刻起，本我对快乐的欲望就被父母和社会施加的规则所遏制。从婴儿期到成年期，儿童的身体快感会发生转变，经历性心理发展的五个阶段，即口腔期、肛门期、性器期、潜伏期和生殖期。人们对快乐的欲望与按照现实世界规则生活的需求之间存在冲突，

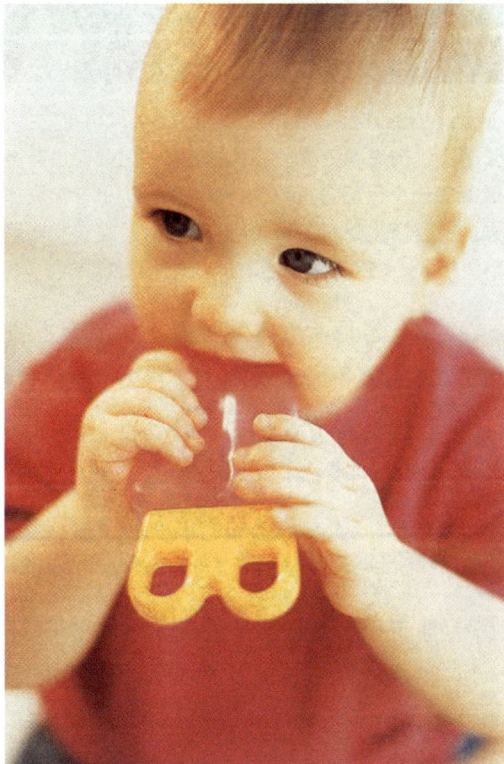

这个孩子在长牙吗？根据弗洛伊德的理论，幼儿把物体放进嘴里，试图重新找回婴儿时期吮吸母亲的乳房时得到的口腔满足感。

并且每个发展阶段都涉及这一冲突。当冲突得到解决时，人的发展就是健康的；如果冲突未得到解决，人在之后的生活中可能会出现障碍。

口腔期和肛门期

根据弗洛伊德的说法，在第一阶段或口腔期（婴儿期），人们快乐（性欲）的焦点是嘴巴，以及吮吸和吸收营养的行为。这个阶段的冲突来自断奶过程（即从母乳或奶瓶转向固体食物）。如果不能解决这个阶段的冲突，可能导致孩子对他人的高度依赖，或产生好斗和喜欢讽刺人的个性。

在第二阶段或肛门期（婴儿期之后），排泄成为快乐的焦点。这个阶段的冲突来自如厕训练和儿童对控制排便方式的学习。如果不能解决这一冲突，孩子在以后的生活中可能会出现难以取悦或邋遢的行为。

性器期

在第三个阶段，即性器期（早期童年），性器是提供快乐的对象，因此生殖器区域成为关注的焦点，并伴随着被异性吸引的感觉。弗洛伊德认为，性器的快感是不成熟的快感。他表示，由于儿童通常在父母身边度过大部分时间，因此幼儿的

自然感情对象是异性的父亲或母亲，他将其称为俄狄浦斯情结，其依据是索福克勒斯（Sophocles，大约生活在公元前5世纪）创作的古希腊悲剧中的人物俄狄浦斯（Oedipus），他无意中杀死了自己的父亲，然后娶了自己的母亲。这一冲突成功解决后，孩子会认同同性父母，不再希望占有异性父母。若不能解决这一冲突，孩子在以后的生活中就会出现性问题。

潜伏期和生殖期

弗洛伊德说，大约从6岁到12岁，随着孩子开始进行有意识的社会性调适，无意识的冲突会消减，该阶段称为潜伏期，因为无意识的发展冲突是潜伏的，或者说是隐藏的。最后的生殖期发生在青春期，此时孩子开始对年龄相近的人产生性感觉。在这个阶段，孩子们努力追求"理智的爱"，冲突出现于他们离开父母并与他人建立友谊时。弗洛伊德认为，成功解决这一冲突对发展健康的成人关系至关重要。

防御机制

防御机制构成了弗洛伊德理论的另一个重要部分。正如我们所看到的，自我的任务是计划如何使本我实现其欲望。然而，

莎士比亚的作品《哈姆雷特》（*Hamlet*）中的主人公对其母亲充满了由性激发的愤怒，因此他是弗洛伊德的一个热门分析对象。图片来自1995年拉尔夫·费因斯（Ralph Fiennes）和弗朗西丝卡·安尼斯（Francesca Annis）主演的电影。

自我总是容易受到本我的影响，因为本我内部的欲望和动机很强大，极难控制，并且可能以某种方式逃脱。此外，自我还必须与超我的控制作斗争，自我允许本我为所欲为时，超我会惩罚自我。防御机制的发展是自我保护自己免受本我和超我影响的一种手段，其中一些机制阻止了本我冲动的实现，另一些机制则是为了以相对无害的方式实现本我冲动。弗洛伊德认为，随着人的成熟，经历不同的性心理阶段，这些防御机制会得以发展。

压抑

弗洛伊德描述的主要防御机制是压抑，即一种阻止本我的冲动逃逸的能量，我们可以将其比作为沸腾的水壶盖上一个盖子。然而，压抑需要精力和能量，而且并不总是有效。例如，当人在睡眠时，压抑就不会运作。因此弗洛伊德认为，梦境中包含来自无意识的素材。有时，当人醒着并且心事重重时，压抑也会失效。弗洛伊德说，这种失效的形式是"口误"（parapraxes），人们想说一件事，却不小心说了另一件事，从而暴露了一个无意识的动机。

> 如果你恨一个人，你恨的是他身上属于你自己的一部分。不属于我们自身的部分是不会干扰我们的。
>
> ——赫尔曼·黑塞（Hermann Hesse）

其他防御机制包括投射、替代、反向形成和升华。投射，即观察他人行为特征或模式的倾向，这些特征或模式符合人们自己的无意识冲动。例如，认为他人痴迷于性的人实际上自己也会无意识地痴迷于性。替代能让人们满足自己的本我冲动，但改变了对象。例如，一个对其领导生气的人可能会踢翻废纸篓。反向形成也是一种防御机制，它将无法被接受的冲动转化

进入无意识

案例研究

西格蒙德·弗洛伊德用各种技术来获得无意识的素材。一种技术是自由联想，即鼓励患者自由地说出想到的任何东西，并且不会因此而受到审查，以此寻找出患者病症的主题和线索。

另一种治疗技术是梦境分析。弗洛伊德要求患者详细描述并写下自己的梦境，他认为人们无意识的愿望和欲望会在梦中揭示。大多数情况下，这些愿望和欲望并没有被直接揭示，而是通过隐喻和意象来暗示。梦中出现的内容未必是其表面意义。例如，牙齿松动或头发脱落的梦境反映了对阉割的恐惧，这是俄狄浦斯情结（恋母情结）冲突的主要推动力之一。梦的重要性在于表明了无意识的本质：令人困惑、强烈，但也令人费解，充满双关语。

1906 年，卡尔·荣格使用了词语联想技术：他说一个词，患者用联想到的第一个词来回应。由于这个过程是快速完成的，未经过深思熟虑，因此荣格认为这欺骗了自我，使其表达出一些无意识的愿望或想法。

为极端的对立面，例如，仇恨变成过度保护的爱。升华的作用则是将无法被接受的冲动转化为另一个社会可接受的冲动。弗洛伊德的目标是让患者洞察自己的状况，这种洞察力会减轻患者的症状。

精神分析治疗

弗洛伊德的行为理论基于对各种患者的评估。他认为患者表现出癔症（歇斯底里）是因为他们在发展的某个阶段无法妥善解决冲突。为了治疗这些患者，弗洛伊德需要能够看到他们无意识中的东西。当然，患者不知道无意识中有什么，所以弗洛伊德使用了一些手段来尝试提取这些信息。因此，由弗洛伊德发展和实践的精神分析疗法是一个耗时的过程，大多数患者的分析需要几年时间才能完成。

精神分析疗法主要关注谈话。弗洛伊德认为，治疗师必须真正了解患者，才能理解可能影响其经历的事件。因此，治疗师和患者会就患者过去的生活史进行长时间的交谈，回顾许多重要但似乎无关紧要的经历和记忆。往往这些事件对患者来说似乎微不足道，但他们记得这些事件的事实意味着这些事件可能与重要的无意识动机有关。

弗洛伊德用了很多年发展他的理论。例如，在弗洛伊德发展关于本我、自我和超我的思想很久之前，关于无意识、前意识和有意识的思想就形成了。同样，虽然他在职业生涯的早期阶段就提出了关于儿童性欲的理论，但他关于人格发展的想法是后来才形成的。

追随弗洛伊德的理论家

弗洛伊德有许多追随者，其中一些人终生忠实于他，而另一些人则批评他的成果并提出了自己的理论。精神分析的主要人物包括弗洛伊德的两位助手，阿尔弗雷德·阿德勒和卡尔·荣格，还有梅兰

图为弗洛伊德在英国伦敦的咨询室，他在此分析患者的心理动机。患者在沙发上放松，弗洛伊德在他们身后。

安娜·欧和小汉斯

弗洛伊德最著名的两个案例研究是安娜·欧（Anna O.）和小汉斯。安娜实际上是约瑟夫·布罗伊尔的患者，但弗洛伊德采用了布罗伊尔关于该病例的笔记，并根据他试图为自己发展的理论重新审查了这些笔记。

安娜是一个十几岁的孩子，在父亲病危后开始出现癔症的症状，这些症状包括紧张地抽搐和咳嗽，她的右手和脚部分瘫痪，在说话和照顾他人方面出现严重困难。最后，她的情况恶化，无法下床。布罗伊尔花了大量时间用"谈话疗法"治疗安娜，最终使她的病情得到改善，并过上了相对正常的成年生活。弗洛伊德利用这个案例来支撑他的儿童性欲观点（与布罗伊尔的观点相悖）。

小汉斯的案例有助于弗洛伊德阐述俄狄浦斯冲突理论。小汉斯对马匹产生了强烈的恐惧症（非理性的恐惧），他非常害怕马会跑过来咬他，以至于他最终拒绝离开家。根据弗洛伊德的说法，这个男孩实际上是对他的父亲有敌意，他把父亲视为竞争母亲感情的对手。然而，小汉斯对这些感情蕴含的性暗示感到内疚，并将其转移到对马的恐惧中。

妮·克莱因。同样突出的还有弗洛伊德的女儿安娜和埃里克·埃里克森，两人都在弗洛伊德去世后致力于发展精神分析。安娜·弗洛伊德不仅是一位执业精神分析学家和她父亲遗产的守护者，她对精神分析学也做出了重要贡献，发展了她父亲关于自我和防御机制的思想，并设计了一套儿童精神分析系统。

埃里克·埃里克森对精神分析学的发展也做出了许多重要贡献。他更详细地探索了自我的功能，并以儿童的社会互动为基础，发展了他自己的人格发展和变化理论。从严格意义上说，埃里克森不能被称为精神分析学家，因为他的理论和思想倾向于偏离弗洛伊德及后来的精神分析学家的理论。尽管如此，埃里克森的研究还是牢牢扎根于精神分析的传统之中，并对后来的心理学理论和实践产生了强烈影响。

梅兰妮·克莱因的理论

梅兰妮·克莱因是弗洛伊德最重要的早期追随者之一，她后来发展了自己的观点。克莱因1918年才见到弗洛伊德，当时她听了弗洛伊德在匈牙利布达佩斯的一个

阿尔弗雷德·阿德勒

阿尔弗雷德·阿德勒一生中的大部分时间都在奥地利的维也纳度过。与卡尔·荣格一样，阿德勒是一名医生，最初与弗洛伊德密切合作，但他发展了自己的观点，与弗洛伊德的观点截然不同，这导致了他们的职业关系和两人友谊的结束。弗洛伊德动机理论的性基础是造成这种意见分歧的一个主要原因，另一个原因是阿德勒更关注社会环境对个人的影响。

阿德勒的理论集中于目标和努力的概念。他认为，所有的行为都是由人们试图获得或实现某种特定的东西所激发的，而非由某种内在力量所激发。阿德勒认为，这些目标和努力是人格的主要决定因素。

其中一个重要的目标是追求优越感。所有人都努力在生活中取得尽可能多的成就，往往会试图比其他人做得更好。在其表面下，大多数人都觉得自己没有什么价值，所以他们努力争取优越感，以抵消无能和自卑的感觉。

阿德勒理论的另一个重要方面是他对家庭角色的探索。阿德勒认为，不同的养育方式，包括溺爱和拒绝管教，都会对儿童的发展产生负面影响。他还认为，出生顺序是决定人格的重要因素。因此，无论是作为独生子女、长子、最后出生的孩子，还是中间出生的孩子，都会影响一个人未来的角色、关系和行为。

会议上的演讲，令她印象非常深刻，并决定接受儿童精神分析师的培训，成为儿童精神分析治疗的终生捍卫者。从20世纪30年代起，克莱因提出了她自己的观点，并由此产生了精神分析学的客体关系理论。

> 将良好的情感和自我的良好部分投射到母亲身上，对婴儿发展良好的客体关系和整合自我的能力至关重要。
>
> ——梅兰妮·克莱因

克莱因采纳了弗洛伊德的无意识驱动力（本能）概念，但她并不认同弗洛伊德关于驱动力的对象是可交换的这一说法。弗洛伊德认为，驱动力主要是寻求满足，这并不取决于驱动力所固定的对象。例如，食物并不是满足口欲驱动力的必要对象，雪茄同样可以满足（弗洛伊德本人就是一个重度吸烟者）。然而，对克莱因来说，一个特定的驱动力总是与一个特定的对象相联系，这一驱动力无法与其合适的满足对象分开。例如，口欲驱动力总是与食物摄入有关。然而，由于幼儿的心智尚未成熟，婴儿的满足对象总是局部的，而非完整的。例如，当婴儿（通过口腔驱动力）寻求口腔满足时，他们不会涉及母亲这一整体，而只会涉及母亲的乳房（或奶瓶）这一局部对象。此外，克莱因说，局部对象在婴儿的脑海中天生便是分裂的。当婴儿体验到乳房是满足的对象时，便认为乳房是好的；但如果婴儿想要食物而没有乳房时，婴儿就会认为这一局部对象是坏的。

其他心理学家与克莱因共同发展了客体关系理论，该理论认为个体与人、人的部分以及其中之一的象征性代表的关系是生命的核心。这些关系影响个体对他人的依恋程度，也影响个体对自我的依恋程度。

自我心理学家

弗洛伊德的女儿安娜忠实于她父亲的基本观点，但她对自我的作用特别感兴趣，而非本我。这种对自我的关注引发了一场名为自我心理学的运动。在第二次世界大战前和战争期间，许多精神分析学家为了逃避纳粹的迫害，从欧洲来到美国，其中，海因茨·哈特曼和恩斯特·克里斯开始了这场运动。

哈特曼和克里斯认为，关于人格，弗洛伊德最重要的发现是本我、自我和超我之间的区别。和安娜·弗洛伊德一样，他们认为自我比本我和超我更重要，自我中有一个"无冲突区"，自我不仅仅是本我和超我之间的仲裁者，还用策略来控制它们，就像一个企业主管在管理冲突。

自我心理学

根据自我心理学家的观点，患者出现心理问题是因为他们的自我很弱，或者是因为他们的自我无法控制本我和超我。精神分析学家可以帮助患者解决他们的问题，方法是使患者的自我更加强大，并确保他们能够适应环境。精神分析治疗师以自己作为例子来实现这一目标，他们具有强大的、适应性强的自我。自我心理学家认为，精神分析学家可以提供他们自己强大的人格，作为患者脆弱人格的替代。

对自我心理学的批判

英国的许多精神分析学家，如爱德华·格洛弗（Edward Glover），批评了自我心理学，因为他们认为患者可能会完全被精神分析学家的人格所支配。然而，自我心理学的一些原则，特别是"适应"的作用，影响了玛格丽特·马勒关于儿童早期发展的精神分析理论，其理论是基于母亲和孩子之间不断变化的关系的本质。

20世纪50年代初，法国精神病学家、精神分析学家雅克·拉康反对美国的自我心理学。拉康认为，自我心理学与精神分析没有任何关系。他认为自我心理学家已经忘记了精神分析是关于分析的，而非关于教育的。

拉康担心弗洛伊德主义会死于自我心理学家之手，声称有必要回归弗洛伊德的文本。他批评了自我心理学家所提倡的适应和调整的概念，称这些概念并非基于弗洛伊德的思想。

语言的重要性

拉康强调语言在精神分析中的作用。在精神分析治疗中，患者需要说出脑海中想到的一切，精神分析学家不时地打断患者，进行口头干预，这是治疗中唯一发生的事情，患者也会从中受益。

依靠这一简单的观察，拉康试图将弗洛伊德的工作与其他理论（如语言学和人类学理论）相结合，并加以发展。尽管拉康仍然忠于弗洛伊德，但他也在精神分析

中引入了许多新的概念，其中有些概念并不容易理解。例如，他谈到了象征性阉割，弗洛伊德没有使用过这个术语，但拉康确信它完全符合弗洛伊德的研究成果。

图为梅兰妮·克莱因的照片，拍摄于1957年。她是最早将弗洛伊德的理论应用于儿童并将游戏技术作为一种治疗方式的精神分析学家之一。

当然，精神分析学家指导了治疗。这种治疗的首要原则……是他不能指导患者。

——雅克·拉康

象征性阉割指的是儿童成为社会性的人后不得不放弃的享受。每种文化都有规范和价值观，而当儿童开始在文化背景下活动时，他们无法再看到自己所有的愿望都得到满足。拉康说，当儿童开始遵守文化条例和规则时，他们不可避免地（象征性地）失去自己的一部分。拉康称这一过

卡尔·古斯塔夫·荣格

只要在混乱的生活潮流中活动，就没有人不会有麻烦。

——荣格

卡尔·古斯塔夫·荣格一生中的大部分时间生活在瑞士。他接受过精神病学方面的培训，对精神障碍有很大兴趣。在阅读了《梦的解析》后，荣格对弗洛伊德的理论产生了兴趣，并开始与弗洛伊德通信，后来前往维也纳跟随他学习了五年。

荣格最终与弗洛伊德决裂，因为他不像弗洛伊德那样相信性是人类行为的主要动机。此外，荣格就理解行为的最佳方式与弗洛伊德产生了分歧。弗洛伊德认为，人必须回顾过去才能理解现在的行为，但荣格认为，人必须理解个人对未来的渴望。荣格的理论经过多年的发展，最终与弗洛伊德的理论大相径庭。荣格一直对文化、文学、宗教和精神感兴趣，他认为这些因素是行为的重要决定因素，也许和父母的影响一样重要。

荣格理论的主要特征之一是集体无意识。荣格认为，每个人都有两种潜意识，一种是包含自己记忆的个人无意识，另一种是包含所有人共有素材的集体无意识。集体无意识中的素材是围绕着某些观念组织起来的，这些观念在历史上和不同文化中都普遍存在。荣格称这些观念为原始意象，并确定了其中的几种。他关于上帝和自我的观念也很特别，认为它们是更为强大的原始意象。他借鉴了人类学、文学（尤其是神话、传说和童话）、炼金术和神学来发展这些理论。

卡尔·古斯塔夫·荣格是早期最有影响力的精神分析学家之一，他创造的许多术语现在仍被广泛使用，如"外向"和"内向"。

精神分析发展心理学

玛格丽特·马勒是最早将精神分析学和发展心理学结合起来的人之一。在20世纪30年代，她在维也纳担任儿童精神分析学家。第二次世界大战前不久，她搬到了纽约，担任纽约州立精神医疗机构儿童服务部的一位精神专科医生。在美国，她将其职业生涯的大部分时间用于研究有严重精神问题的幼童。马勒理论中的关键术语是共生和分离－个体化。共生一词指的是母亲和幼儿之间的正常关系。马勒认为这种关系是一种融合或双重结合。孩子和母亲相互融合，不断支持对方。然而，只有在这种共生关系被打破的情况下，孩子才能成长为一个有社会能力、适应性强的个体。马勒将这种共生关系的断裂定义为分离。孩子与母亲的分离是"个体化"的条件，在这个过程中，孩子对身份（自我意识）有了初步认识。马勒用这类词语来解释为什么有些孩子有严重的情绪和行为困难。当母亲和孩子之间没有共生关系，或者当孩子未能从与母亲的共生关系中分离出来时，孩子会遭受严重的发育障碍，如自闭症和婴儿期精神病。作为一名治疗师，马勒通过充当替代母亲的角色，或通过塑造那些他们尚未发展的自我功能（自信和适应）来帮助孩子。

程为象征性阉割，他把失去的那一部分称为欢乐（jouissance，法语词义为享受）。拉康另一个受欢迎的观点是镜像阶段。

拉康式理解

由于拉康强调语言在头脑中的重要性，拉康式精神分析学家非常关注特定的语音（符号）如何能有不同的意义（这与弗洛伊德意义上的"口误"不同）。例如，当患者谈到"亚洲青年"（youth in Asia）时，拉康式的分析师可能指出，"亚洲青年"听起来像"安乐死"（euthanasia，发音与 youth in Asia 相似）。那么患者真正在想什么呢？当患者谈到"亚洲青年"时，他也许无意识地想到了死亡，甚至想到这些孩子死了会更好。拉康式精神分析学家总是试图向患者指出，一句话可以有许多不同的含义。拉康式精神分析作为一种临床实践，在法国、西班牙、意大利和南美部分地区很受欢迎。在美国和英国，拉康的理论经常被用于文学、电影研究和哲学。

自我心理学

当代精神分析学中的自我心理学传统源于海因茨·科胡特的工作。科胡特在维也纳出生并长大，于 1938 年在家乡的一所大学获得了医学学位。20 世纪 40 年代初，他在芝加哥定居，并在那里继续接受神经科医生和精神病学家的培训，最终他成为著名的精神分析学家。1964 年，科胡特被选为美国精神分析协会主席。1965—1973 年间，他担任国际精神分析协会的副主席。科胡特并不同意自我心理学家的观点。和拉康一样，他坚信自我心理学过于死板，没有将精神分析看作是一种改善人们对环境适应性的技术。像客体关系理论家一样，科胡特试图发展一种更加基于人际关系的精神分析理论。但与同时代的许多人不同，科胡特没有用"客体"这个词来描述环境中的人和物。相反，他用这个词来描述人们如何看待环境中的人和物。因此，科胡特讨论了"自我对象"，即一个由自我在内部体验的客体。例如，了解人们对父母的看法比了解这些父母的真实身份更为重要。

> 自我心理学不过是"一个纸上谈兵的练习，是针对自我适应理论的延伸"。
>
> ——爱德华·格洛弗

科胡特的自恋理论

科胡特描述了自我发展的正常阶段，以及各种病理形式，并以自我客体为参照。他认为，正常的儿童会与环境建立良好的、具有响应性的关系，从而发展出一个核心自我。这种核心自我包括两个方面：一个是不切实际的（自恋的）自我，使孩子们觉得自己是完美的、出色的；另一个是父母理想化的形象，使孩子们觉得别人是完美的、出色的。科胡特认为，心理问题可以用自我内部的冲突来解释。弗洛伊德用俄狄浦斯情结来解释心理冲突，科胡特则提到了希腊神话中的年轻人纳西索斯（Narcissus），纳西索斯迷恋上了自己的倒影。由于自我是主观体验（私人意识），科胡特反对精神分析师的传统形象，即分析师是一个疏离的人物。相反，他认为分析师必须温暖、敏感、富有同情心（认同患者）。这些革命性的新思想在 20 世纪 70 年代无法被正统的精神分析机构所接受，然而他的理论在美国仍然很受欢迎，特别是在芝加哥精神分析研究所。

儿童精神分析方法论

梅兰妮·克莱因是首批将弗洛伊德的思想应用于儿童的精神分析学家之一。她分析的第一批儿童是她自己的孩子，但为了保密，她在论文中隐藏了他们的身份。在 20 世纪 20 年代，克莱因经常与弗洛伊德的女儿安娜发生个人和理论上的冲突，后者也是一名儿童精神分析学家。安娜·弗洛伊德认为，对儿童的精神分析治疗应该始终与某种形式的教育相结合（她原本是一名学校教师）。梅兰妮·克莱因则坚信，儿童精神分析学家应该只专注于研究儿童无意识幻想的本质和发展。

1926 年，克莱因从德国移居伦敦，一直生活到她去世。在伦敦，她将大部分时间投入对患有严重精神问题的儿童的精神分析治疗中。这一经历促使她进一步发展了自己的理论。她非常重视幼儿的幻想世界，并毫不犹豫地向他们提出大胆的问题，例如，他们对死亡和性的想法。她认为幼儿经常会经历极端的愤怒和焦虑，而幻想是解决这些感受的一种方式。克莱因是最早在与儿童的工作中使用游戏技术的精神分析学家之一，她认为游戏能揭示儿童的心理冲动。

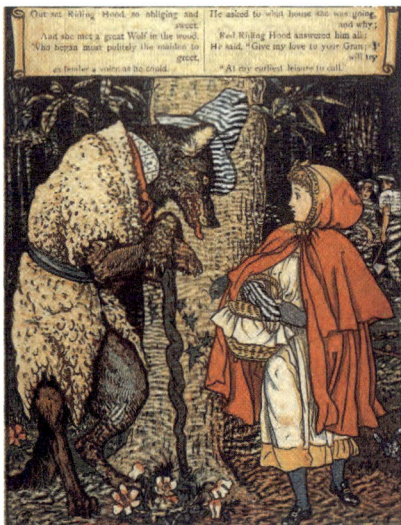

图为小红帽在森林里遇到大灰狼，由沃尔特·克莱恩（Walter Crane）绘制。克莱因认为，像童话故事一样，幻想为儿童提供了一种解决焦虑或极端愤怒的方式。

关系精神分析

精神分析的一个最新发展是斯蒂芬·A. 米切尔在纽约的威廉·阿兰森·怀特学院（William Alanson White Institute）及纽约大学的工作。米切尔通过对当代精神分析中许多不同理论的观察，他认为这些理论可以归为两类：一类支持弗洛伊德的驱动力

（本能）模型，另一类强调主体间关系的模型。

米切尔的工作经常被描述为整合关系模型。与客体关系理论家类似，米切尔认为弗洛伊德的驱动力模型过度基于个人自身，这意味着它没有考虑到人们与其他人的关系。米切尔意识到，倾向于强调关系的精神分析学家们彼此之间从未达成一致，因此他开发了这一新模型，以整合各种精神分析的关系理论。

焦点

镜像阶段

拉康认为，当儿童有能力认识到他们在镜子里看到的形象是自己的映像时，他们就会发展出身份认同（自我，或自我意识）。这通常发生在儿童 6 ~ 18 个月大的时候，它并非一种天生的能力，必须由成人来向孩子们解释。因此，在拉康的理论中，语言对身份认同的发展至关重要。

许多发展心理学家已经研究了儿童何时以及如何获得对自己的认识。在一个经典实验中，幼儿被放在镜子前，以便他们能够观察自己。然后，有人会在每个孩子的鼻子上涂上一个红点，而孩子自己不会注意到，然后再把他们放到镜子前。孩子们会不会看到差异？他们看到这些红点后会怎么做？孩子们会去触碰镜子还是去触碰自己的鼻子？这类实验在很大程度上证明了拉康的观点，即儿童首先学会在镜子中认出自己，然后学会看出镜子中的形象和自己的差异，这通常发生在儿童 18 个月大的时候。然而，最近的研究表明，海豚和黑猩猩也会做出类似的反应，这表明语言可能并非是必要条件。

在 18 个月大时，这个孩子能认出镜子里的自己。她会指着自己鼻子上的一个红点，而不是指着镜子里自己映像上的那个红点。

图为伊可和纳西索斯，由约翰·威廉姆·沃特豪斯（John William Waterhouse）于 1903 年绘制。神话中的纳西索斯爱上了自己在水中的倒影。维也纳精神病学家科胡特用这个来自古希腊的故事来说明自己的理论，即儿童会发展出一种不切实际的、自恋的自我。

关系矩阵

米切尔理论中最重要的概念之一是关系矩阵。它指的是一种典型的人类互动模式，包括自我、客体（一件事或另一个人），以及自我和客体之间可能的联系。米切尔利用关系矩阵的概念，以一种新的方式解释了许多传统的精神分析学主题。例如，他声称不该将性行为理解为只发生在个体身上的事物，而应是一种在关系中变得有意义的事物。

米切尔还认为，客体关系理论和自我心理学可以彼此互益。在临床工作中，他试图将这两种视角结合。他认为，心理问题是不良关系和非健康自恋的结合。米切尔说，治疗师应该关注患者对关系的需求，帮助他们与其他人建立更稳定、更丰富的关系。米切尔在 2000 年 12 月突然去世，当时他仍在研究其理论，他的研究成果由他的学生继续发展。

其他精神分析理论

如今，精神分析的类型远远多于上述类型。例如，哈里·斯塔克·沙利文（Harry Stack Sullivan）提出的人际心理分析，埃里希·弗洛姆（Erich Fromm）发展的人本主义心理分析，以及罗伊·谢弗（Roy Schafer）提倡的诠释学心理分析。荣格和阿德勒的成果在世界许多地方仍然很受欢迎，人们可能会提到分析心理学（荣格）和个体心理学（阿德勒），而不会提到精神分析学。

这些心理学家对心智运作机制以及如何进行精神分析心理治疗有着不同的看法，因此彼此之间往往会产生强烈的分歧。然而，尽管他们可能会批评弗洛伊德，但弗洛伊德的理论和思想仍能给予他们灵感。

精神分析学现状

精神分析理论是有争议的，争议的主要焦点涉及童年性行为的概念和人格发展过程中发生的事件。由于许多原因，弗洛伊德对俄狄浦斯情结的描述受到了攻击，主要是因为他没有充分考虑年轻女性在发展过程中的经历。弗洛伊德的大部分著作都关注年轻男性的经验，关于年轻女性的许多理论要么不完整，要么过于空泛。

对精神分析的另一个批评是该理论没有严格的科学依据。尽管弗洛伊德认为他只是一个观察者，并准确地报告了观察结果，但他在研究中并没有遵循传统的科学方法。他没有提出假设并对其进行独立测试，而且他的大多数来访者都是中产阶级妇女。他也没有用任何标准化的工具或量表来测试这些人。他把自己的观点建立在与患者的谈话上，这些谈话可能具有启发性，但并非是系统性或科学性的。因此，一些批评者会认为，弗洛伊德的所有理论都存疑。尽管有这些批评，弗洛伊德的研究仍然吸引着人们的兴趣，许多心理学家也仍然按照他所倡导的方式进行实践，尽管许多人并不这样做。

弗洛伊德的影响也体现在心理学研究中。例如，目前许多研究人员致力于研究防御机制，证据表明这些防御机制确实存在，尽管在重要的方面，它们可能与弗洛伊德原本的描述不同。弗洛伊德在流行文化中也有经久不衰的地位。例如，带着笔记本和沙发的精神科医生的概念就源于弗洛伊德的实践。弗洛伊德关于童年经历的重要性和梦境的意义的观点也被大众所接受。

关键日期

1891 年 西格蒙德·弗洛伊德发表了他的第一篇心理学论文。

1894 年 弗洛伊德发表《防御机制的心理神经症》(The Psychoneuroses of Defense)，该论文概述了他关于童年经历的理论。

1895 年 安娜·欧的案例发表。

1900 年 弗洛伊德出版了《梦的解析》一书，书中概述了梦的分析及其理论的其他细节。

1902 年 阿尔弗雷德·阿德勒成为精神病学家，并开始与其他维也纳精神分析学家合作研究人格。

1907 年 卡尔·荣格开始在维也纳跟随弗洛伊德和阿德勒学习。

1909 年 小汉斯的案例发表。

1911 年 阿德勒辞去维也纳精神分析协会的职务。

1913 年 荣格与弗洛伊德断绝了所有个人和职业关系。

1920 年 安娜·弗洛伊德离开教学岗位，开始她的精神分析学家生涯。

1927 年 埃里克·埃里克森开始在安娜·弗洛伊德手下接受精神分析学家的培训。

1927 年 梅兰妮·克莱因提出她对儿童精神分析的看法。

1935 年 安娜·弗洛伊德出版了《自我与防御机制》。

1939 年 海因茨·哈特曼开启了自我心理学的潮流。

1947 年 安娜·弗洛伊德和多萝西·伯林厄姆在英国伦敦建立了儿童精神分析学家的培训中心。

1950 年 埃里克·埃里克森在他的著作《童年与社会》中阐述了他的理论。

1953 年 雅克·拉康在巴黎举行了他的第一次公开研讨会。

1971 年 海因茨·科胡特开发了自我心理学技术。

1980 年 斯蒂芬·米切尔发展了关系型精神分析。

第九章　现象学与人本主义

人是……自我管理的行动者……自己生活的中心。

——亚伯拉罕·马斯洛

现象学最初是一种哲学观点，强调个人对现实的主观体验的重要性。后来，现象学思想被归入人本主义心理学。人本主义心理学出现于 20 世纪 40 年代，是对精神分析和行为主义的一种回应。人本主义心理学强调人的个人成长潜力，并强调有意识的经验而非潜意识的经验对人类行为的影响。

奥地利学者埃德蒙·胡塞尔在 1913 年首次描述了被称为现象学的方法：这个术语来自希腊语中的现象（phenomeno，意为外表）和逻辑（logo，意为研究）。胡塞尔说，研究人们如何感知和体验事件是很重要的，要重点强调每一个人对情况的解释，而不是客观现实。他的观点对法国哲学家莫里斯·梅洛 - 庞蒂产生了巨大的影响，梅洛 - 庞蒂在对政治进程的兴趣的影响下，继续发展了自己的现象学理论，其主要作品是《知觉现象学》。他在书中指出，知觉不是一个普遍的过程，而是每个感知者所特有的。

现象学家认为，有意识的生活经历，无论是积极的还是消极的，都会使人们形成自己的模型或形象。行为会增加并可能强化这些模型（自我概念）。因此，如果一个人认为自己是一个知识分子，他就会通过使用专业词汇或强烈表达自己的观点来支撑这一信念，即使智力测试表明他的智商仅为平均水平。同样，如果一位女性认为自己很胖，没有吸引力，她就会发展出

人本主义心理学家认为，如果人们想在生活中充分发挥自己的潜能，那么就必须通过自我表达来充分发挥自己的创造力。

不利的自我形象，即使其他人试图让她对自己的外表感到满意。

人本主义

20世纪40年代，美国心理学家夏洛特·布勒的作品变得很有影响力。在谈到她于20世纪20年代进行的实验时，她说"……我观察到的是人，不是反射"。人本主义心理学对"将人作为整体"感兴趣，因此，从某种意义上说，她的研究是这一兴趣的先驱。布勒确定了四种基本倾向：在性和爱中寻求个人满足；为了适应、归属和获得安全感而调整和限制自己；追求自我表达，取得创造性成就；努力维护秩序并融入社会。

> 在逐渐得到满足的需求层次下，人（可能）会变得越来越好。
>
> ——亚伯拉罕·马斯洛

人本主义一词通常是指对人类可能性持乐观态度的哲学。人本主义心理学家采取这种方法来理解行为，结合了现象学中的哲学观点，反对还原论（将行为分解成各个部分，并假设它是条件作用或生理驱动的结果）。格式塔心理学家已经研究了人们的感知或事物"出现"的样子，认为人们从未感觉到环境本来的面目，而只是感觉到它对大脑有"意义"。人本主义心理学家将此观念进一步扩展，认为是人们对所感知的情况的理解影响了他们的行动。因此，要真正理解人类行为，研究者需要考虑的不是行为，而是整体的人，他们的社交网络，以及他们在生活中寻求的情感和精神意义。

心理学家亚伯拉罕·马斯洛和心理治疗师卡尔·罗杰斯在这些思想的基础上发展了人本主义心理学的关键概念，成为人本主义运动的主要人物。他们的方法为心理学家提供了一个理解人类行为的新视角，并在整个20世纪七八十年代持续流行，影响力不断扩大。

亚伯拉罕·马斯洛

亚伯拉罕·马斯洛曾在威斯康辛大学（University of Wisconsin）学习，他的观点

图为亚伯拉罕·马斯洛的照片，拍摄于1951年，不久之后，他成为马萨诸塞州（Massachusetts）布兰迪斯大学的心理系主任，以研究需求层次而闻名。

几乎不强调有意识的经验，与行为主义和精神分析的方法形成鲜明对比。马斯洛认为，人类的动机来自一系列关键的驱动力，并坚持认为个人能意识到这些驱动力。他提出，人们有一套核心的需求，激励并影响着他们的行为，并且人们有着充分发挥自己潜力的需求。这种观点通常被称为马斯洛需求层次理论。

焦点

马斯洛的需求层次理论

马斯洛的需求层次通常以金字塔形式呈现。金字塔的底部是物质生活必需品；顶部描述的是自我实现（实现完整的心理健康或潜能）。马斯洛强调，在实现更高的需求之前，人们必须先满足和维持层次结构中较低的需求。例如，在做出维持食物来源的长期努力（如独立种植粮食作物）之前，人们必须先满足眼前的饥饿感。同样，一个人需要被爱和被接受（社会需求），才能感觉到自己有价值，获得自信（尊重的需求）。在金字塔结构中，向上的移动被称为进步，向下的移动被称为退步。

1. 生理需求

生理需求指生存的必要条件，包括对氧气、食物、水，温暖或凉爽，以及住所的需求。只有这些需求得到满足，人们才能成功地将注意力转移到个人安全上。

2. 安全需求

安全需求指人们对长期稳定性和生存的需求，包括（身体或情感上）免受环境危险。例如，保护人们免受暴力或健康危害。人们在向更高层次发展之前，总是试图先稳定身体和情感环境。

3. 爱与归属的需求

爱与归属的需求指人们需要通过认可、陪伴和爱来获得一种归属感。这些需求必须得到满足，以防止人们在社会群体中被孤立或排斥。在这个层次上，爱更多的是基于需要，而不是给予。

4. 尊重的需求

尊重的需求指当实现了生理、安全和归属感需求时，人们开始努力追求个人成长。他们的动机是需要得到社会群体的尊重和承认，这能让他们发展自信、成就感和满足感。如果这些需求不能满足，往往会导致人们形成有害的消极信念，如感到无用或无助。

5. 认知需求

人们的认知需求包括对知识和理解的追求。当人们有一个一致的、稳定的环境，以及来自社会群体的一定程度的接受和认可时，他们的认知需求就会得到满足。

6. 审美需求

审美需求指当人们接近于自我实现时，他们的需求侧重于环境中的秩序和美感。

7. 自我实现

自我实现是马斯洛需求层次的顶峰。根据马斯洛的观点，自我实现的人已经充分发挥了他们的潜力，并达到了独立的水平。他们已经接受了自己，建立了牢固可信的友谊，对自己在生活中的角色充满信心，并表现出对个人成长和探索的持续渴望。

马斯洛的需求层次代表了人们对理解人类行为日益强烈的渴望，也承认了人们是他们自己生活的积极参与者。个人有意识地努力提高自己的技能和潜力是人本主义心理学的一个关键原则，这些原则由另一位有影响力的人本主义心理学家卡尔·罗杰斯进一步发展。

马斯洛需求层次理论

一般来说，较低的需求，如饥饿感，必须至少得到部分满足，然后个体才会对较高层次的需求产生强烈的动机。然而，也有一些例外情况。例如，一些艺术家宁愿挨饿也不愿意放弃他们的艺术。

7 自我实现： 寻找自我实现，发挥人的潜能

6 审美需求： 对称、秩序和美

5 认知需求： 知道、理解和探索

4. 尊重的需求： 取得成就，胜任工作，获得认可

3. 爱与归属的需求： 与他人联系，被接受，归属于他人

2. 安全需求： 感到安全，远离危险

1. 生理需求： 饥饿、口渴等

卡尔·罗杰斯

卡尔·罗杰斯协助创立了人本主义心理学。人本主义心理学常常与自我心理学的概念联系在一起。自我心理学指出，人们的自我观念决定了他们对自身经历的看法。罗杰斯的方法遵循了马斯洛的自我实现理论，他强调人们拥有有意识的欲望和动机来实现自己的潜力。他在发展一种新疗法方面很有影响力，这种疗法被称为以人为本或来访者中心疗法，它促进了个人成长和自我实现。根据罗杰斯的说法，人们所处的治疗环境不存在评判，并接受他们的选择，这有助于他们实现个人成长。

传统心理学家认为寻求治疗师帮助的人是患者，罗杰斯的观点与之相反，他认为他们是来访者。

> 人有一种本能的高级本性。社会既可以促进其增长，也可以抑制它。
>
> ——亚伯拉罕·马斯洛

自我概念

罗杰斯的治疗风格源于他的人格和自我概念发展理论，以及许多他在治疗过程中与来访者进行的临床互动。与这些来访者打交道的经验帮助罗杰斯构建了关于人类潜能的理论。在这些理论中，他重视个人的经验，并提出人格可以被视为"自我"的一个中心思想。与精神分析或行为主义的人格研究方法不同，罗杰斯认为自我概念是一种有意识的经验。他提出，人们意识到他们对自我的看法，其行为方式与自我概念相一致。他也认为，个人有潜力实现改变，无论是摆脱心理困扰还是实现自己真正的能力。

与早期的现象学理论一致，罗杰斯提出，当人们体验生活时，他们对现实的感知要么证实自己的自我概念，要么与之相矛盾。他还提出，自我的发展始于儿童与父母及其相近的社会群体之间的互动。稳定、育人的环境可以促进健康的自我概念发展，因为这种环境意识到儿童对认可和爱的需要。这相当于马斯洛需求层次的前三到四个层次。

1979 年，卡尔·罗杰斯在洛杉矶举行的世界人性研讨会上发言。罗杰斯毕业于芝加哥大学，是人本主义心理学的创始人之一。

> 如果我能提供某种类型的关系，对方就会发现自己有能力利用这种关系来成长……
>
> ——卡尔·罗杰斯

罗杰斯还说，人类的需求可以有条件或无条件地得到满足。有条件的爱是指在一个环境中，儿童只有在达到预期的情况下才会得到他们想要的爱和认可。例如，儿童必须在学校获得一定的成绩才会被表扬，如果他们没有达到预期的水平，就不会受到认可。无条件的爱和认可是指不论儿童成就如何，都会给予他们发展的环境。

对儿童的无条件积极关注也承认，不良行为确实会发生，但这并不意味着儿童不好或不讨人喜爱。

一致性和不一致性

根据罗杰斯的观点，得到现实支持的自我概念具有一致性，这意味着个人的内在感知和外在经验相一致。他还提出，能让个人体验到无条件积极关注的环境有助于提升自我价值。例如，罗杰斯认为，如果一个孩子通过在学校努力学习和参与生活而获得认可，这种积极的经验会使孩子学会重视自己。

当一个人的自我概念发展并保持一致性时，就会形成一个自我实现的预言。这意味着个体开始以符合其自我感觉的方式行事。例如，如果一位女性认为自己是负责的、明智的，她就会以符合这些信念的方式行事；如果她遇到或经历的信息与她的自我概念相反，她就会忽略或回避这些信息。

另一方面，如果一个人的自我概念与现实不同，就会产生不一致性。例如，如果一个男孩在学校努力学习，但却被父母不公正地批评为"懒惰"，他的两种体验就不一致，就可能会形成一种与现实不符的"无价值"的自我概念。

自我和现实之间的差距越大，出现混乱或问题行为的可能性就越大。如果自我概念和现实之间的差距太大，就会导致心

关键日期

1913 年　埃德蒙·胡塞尔概述了现象学方法。

20 世纪 20 年代　夏洛特·布勒确定了人类的四种基本倾向。

1942 年　卡尔·罗杰斯出版了《咨询和心理治疗》。

1945 年　梅洛-庞蒂出版了《知觉现象学》。

1951 年　亚伯拉罕·马斯洛成为马萨诸塞州布兰迪斯大学心理系主任。

1957 年　阿尔伯特·艾利斯开办了理性生活研究所，向其他治疗师教授理性情绪行为疗法（Rational emotive behavioral therapy，简称 REBT）。

1959 年　罗洛·梅、阿内斯特·安吉尔和亨利·埃伦斯伯格将存在主义心理学引入美国。

1963 年　卡尔·罗杰斯成立了个人研究中心。

1969 年　罗洛·梅出版了《爱与意志》。

理疾病。相反，适应性良好的人拥有与自己的思想、经历和行为相一致的自我概念。

根据罗杰斯的观点，如果人们在无条件的爱中长大，他们会更有效地发挥功能。

图中的孩子因在家具上涂鸦而挨骂。根据罗杰斯的说法，做出顽皮的行为但仍然感受到被爱的孩子，会比那些认为爱是基于自己良好行为的孩子更快乐、更有安全感。

如果父母只提供有条件的爱，孩子成长后可能会认为，他们需要变得完美才能获得他人的认可和爱，这可能导致他们在工作、社交或个人追求中设定不现实的预期。他们可能永远不会对自己的表现真正感到满意，并可能对自己的能力高度挑剔。

人本主义心理治疗

采用人本主义方法的心理学家强调，人们能够通过努力发挥自己的全部潜力。因此，治疗师会使用强化这种潜力的方法。治疗包含个人疗程，治疗师重点关注来访者的个人成长潜力，为来访者创造一个无条件认可的环境。每位来访者要学会为自己的经历和互动承担责任，治疗师首先强调了这一重要性，然后运用治疗关系来创造一个育人的环境，使个体能够成长并发展出健康的自我概念。

罗杰斯提出，人们有发展和提高自己的需求，这使他们能够有意识地接受或拒绝社会规范。在提到这种实现独立的动机时，罗杰斯使用了自我实现这一术语。融合了人本主义方法的心理治疗既可以帮助情绪不佳的人，也可以帮助渴望探索自己全部潜能的健康人。

焦点

来访者中心疗法

卡尔·罗杰斯认为，当人们与内心冲突作斗争时，他们会产生积极的变化。治疗师的作用是提供一个促进自我发展的环境，帮助来访者找到自身问题的解决方案。他强调，来访者是自身发展的专家，而治疗师的作用是作为一个倾听者，重视并信任来访者的经历。治疗师通过表现得温暖，并接受来访者和他们提出的问题，来达到治疗的目的。

来访者中心疗法的三个主要特点是真诚、无条件的积极关注和共情。罗杰斯强调，来访者和治疗师之间的关系必须是真诚的（基于诚实）。因此，治疗师必须对来访者在治疗过程中的反应和经历持开放态度。这有助于为来访者创造一个安全和舒适的环境，使他们能够向另一个没有偏见的人自由地表达自己。

罗杰斯还提出，无条件的积极关注能确保人们发展自己的最大潜力。这种关注需要来自个体本身（一致性）和他们所处的世界（来自父母无条件的认可和爱）。罗杰斯说，无条件的积极关注带来了心理上的完全和谐，人们在其中自由、独立、有创造性地体验生活。即使一个人成长于有条件的环境中，并产生了内心的冲突和不一致性，罗杰斯仍认为，通过在治疗过程中培养无条件的积极关注的环境，使个人能够发展自我价值和一致性，仍然可以令个人产生积极的变化。

共情是指理解另一个人的情感经历或感受。它与同情的概念不同，同情是指在没有真正理解他人经历的情况下对他人产生怜悯的能力。根据罗杰斯的说法，为了对来访者的经历进行反映或反馈，治疗师必须为他们提供准确的共情水平。同样，这有助于创造一种环境，能让来访者感到自己被人倾听，以及自己的经历受到了重视和尊重。

罗杰斯认为，在无条件关爱的家庭环境中长大的孩子通常能与自己和他人和谐相处。

人本主义与精神分析

人本主义运动的开始在一定程度上是对精神分析学的回应，所以这两种方法之间有一些主要区别。精神分析心理学家提出，人类行为可以用无意识的欲望或过程来解释。他们强调无意识，即个人意识不到的东西。然而，这种方法并不承认有意识的经验对个体的重要性。人本主义心理学家提出，在试图理解人类的动机和行为时，有意识和无意识都需要考虑。罗杰斯说，人们意识到他们的自我冲突，而正是

人本主义治疗

人本主义心理学家使用多种方法。

关键术语

- 会心团体（Encounter group，由卡尔·罗杰斯开发）：一种团体疗法，成员真诚地讨论情绪问题，并接受团体的反馈。
- 理性情绪行为疗法（由阿尔伯特·艾利斯开发）：一种心理治疗的形式，注重通过理性解决问题的方法来帮助当事人克服痛苦或无益的情绪和行为。
- 存在分析（Existential analysis，由罗洛·梅开发）：一种心理治疗方法，治疗师聚焦于与来访者分享的直接情况，以提高来访者对其痛苦和变化潜力的认识。

这一点影响了他们的驱动力和行为。

人本主义心理学家和精神分析心理学家的另一个区别在于他们对人的基本看法。

人本主义心理学家认为，人们有潜力提升自己，并对人性和人的行为秉持乐观的态度。精神分析学家认为，人们主要是在与无意识的冲突和欲望不断进行斗争。

人本主义和行为主义

人本主义运动也是对行为主义的回应，这再次引起了具体治疗技术的发展。行为主义者也不考虑个体的有意识的经验，而是提出人格是通过学习形成的。他们认为，不可能科学地研究有意识的经历或个体对这些经历的解释，因此在研究人类行为时不予考虑。

人本主义心理学家和行为主义者在还原论的问题上也存在分歧。行为主义者提出，人类行为可以被解释为条件反应过程或生理驱动的结果，因此，行为可以被分解为基本要素来理解：一种不考虑个人整体经验的还原主义方法。与此相反，人本主义者提出，个人的行动是有意识的，个体可以选择好的或坏的行为。人本主义者也采取了整体的方法来理解个人的动机和驱动力，关注整个（完整的）人，而非将其行为分解成各个部分。

局限性

与大多数心理学理论一样，人本主义心理学也受到了一些批评，其主要局限性在于可测试性差，对人性的看法不现实，以及没有足够的证据来支撑它的主张。人本主义方法之所以通常被认为可测试性差，是因为他们所描述的概念（如自我实现）不易定义或测量，这导致难以有效评估这些概念，因为没有衡量标准可以确定这些概念是什么。例如，自我实现对每个人来说都是不同的，所以没有一个单一的成就标准可以适用于每个人。

马斯洛提出，自我实现的需求处于需求层次的顶端，但要寻找发挥这一潜力水平的个体很困难。马斯洛和罗杰斯都认为行为主要是好的，他们的观点经常被批评为过于乐观，是对人性不切实际的看法。

人本主义心理学也受到了批评，因为作为一种心理治疗方法，其有效性并未通过研究得到证实。相反，治疗师通过临床观察注意到了它的有效性：使用这种方法，他们观察到来访者的行为和经验发生了积极变化。但由于能证明其有效性的明确的科学数据一直难以产生，这意味着人本主义疗法并不符合科学要求。

要点

- 人本主义是心理学中的"第三股势力"，它的发展是对之前的两种主导方法（精神分析和行为主义）的回应。
- 人本主义的基础在于现象学方法，认为人们解释事件的方式是理解其行为的一个重要因素。
- 人本主义心理学强调认识人们有意识的体验的重要性。
- 马斯洛需求层次理论提供了对人类行为的深刻见解，而罗杰斯的治疗性干预则使人们能更好地理解自我概念的发展。
- 罗杰斯后来发展了来访者中心的心理疗法，在这种疗法中，治疗师对来访者的真诚、无条件的积极关注和共情帮助他们实现个人成长和发展。
- 人本主义心理学的整体方法扩大了心理问题的治疗范围，将治疗范围扩大到追求心理健康、努力实现自我的人。

第十章 行为主义

我看不到任何证据表明存在精神生活的内心世界。

——B. F. 斯金纳

行为主义的产生在一定程度上是对内省法的强烈反对，行为主义坚持只测量现实世界中可以直接观察到的东西，这是化学和物理学等科学的基本要求。行为主义最初是一种方法论，但很快就发展成一套理论体系，用来解释大部分人类的学习和行为。虽然一些早期行为主义者的观点现在被认为是极端的，但他们的方法为现代心理学奠定了基础。

行为主义出现之前，心理学家们既谈论人们的行为，也谈论人们的心智。然而，行为主义者认为，对心智是无法进行科学的研究的。

科学涉及观察每个人都能看到的事件。例如，在物理学中，人们研究物体的运动。每个人都能看到物体从一个地方移动到另一个地方，而且，运用合适的设备，人们能就该运动所用的时间达成一致。同样，在观察人类和其他动物时，我们通常可以找到方法来判断他们是否做了某种物理运动。行为主义者认为，心理学只应关注世界上的事件如何引起动物（包括人类）行为的变化。

此前，威廉·詹姆斯等心理学家曾将心理学定义为对意识的研究。然而，他们观察心理过程的唯一方法是检查自己的思维，冯特称这个

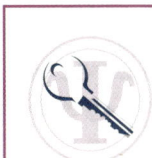

要点

- 行为主义者认为，既然没有人能够知道另一个人在想什么，心理学家就只能研究外显行为。
- 行为主义方法在 20 世纪初引入，它取代了内省法，并帮助心理学成为一门严谨而客观的学科，而不是哲学的一个分支。
- 行为主义理论认为，所有人类行为都可以解释为高度条件反射的复杂集合。
- 行为主义在教育和心理治疗中被广泛应用。
- 如今，行为主义在心理学中仍然很重要，但不再占据首要地位。许多心理学家认为早期的行为主义过于极端。

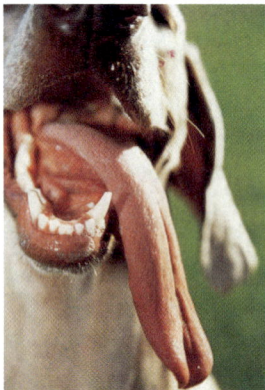

人们早就知道，狗在看到和闻到食物时会分泌唾液。伊万·巴甫洛夫的研究表明，狗也可以被训练，从而对与餐食有关的其他刺激产生唾液反应。

诺贝尔奖得主、俄罗斯生理学家伊万·巴甫洛夫（右二）在实验室的狗身上演示了他的条件反射理论。

过程为内省。然而，在科学领域，实验必须是可重复的。因此，如果有科学家描述了一个实验的程序，另一位科学家必须能够进行这一实验并获得相同的结果。行为主义者认为，心理学要成为一门真正的科学，就不能依赖于任何一个人的主观印象，任何关于心理的讨论都是没有意义的，因为人们无法可靠地观察到心理过程。

伊万·巴甫洛夫

行为主义源起于20世纪初的几个发展过程，其中最重要的是伊万·巴甫洛夫进行的条件反射实验。巴甫洛夫研究了狗的消化过程，并对唾液的产生特别感兴趣，这是一种不自觉的反射动作。反射的概念众所周知，即由某些刺激产生的自动反应。人们最熟悉的例子之一是敲击膝盖骨处的

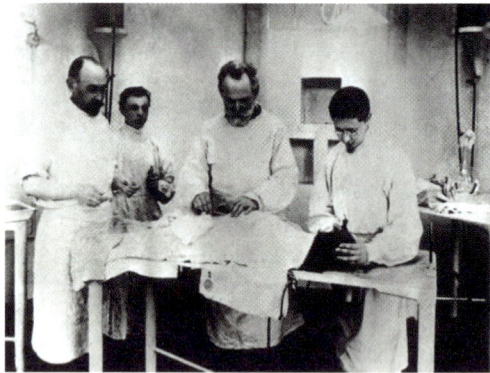

某根神经时，小腿会抽搐。在动物中，唾液反射能使它们在食物被放进嘴里时产生更多的唾液。

巴甫洛夫设计了一种测量唾液流量的方法，但他很快注意到，他的狗甚至在得到食物之前就开始流口水了，狗看到实验室服务员给它送食物时穿的白大褂就足以引发这种反应。为了正式测试这种反应，巴甫洛夫在呈现食物之前摇铃。一段时间后，他发现可以在不给狗任何食物的情况下，仅仅通过摇铃来使狗流口水。巴甫洛夫把这种行为称为"条件反射"，后来又称为"条件反应"。他还发现，多次重复摇铃和食物之间的联系会加强这种效果，而多次重复摇铃但不给食物则会使这种效果减

弱并最终消失，这一过程被称为"消退"。

E. L. 桑代克

在 20 世纪初之后不久，桑代克也开始进行关于学习的实验，他很想知道狗和猫是否能通过观察来学习。

桑代克把这些动物放在被称为"迷箱"的笼子里，它们可以从里面按一个杠杆来打开笼子，他试图教它们如何这样做。桑代克发现，当动物只是观察另一只动物或一个人按下杠杆来打开笼子时，并没有产生学习现象，甚至当他把动物的爪子放到杠杆上时，它们也没有学会。但是，动物迟早会意外地踩到杠杆，在这种情况多次发生后，它们最终学到，踩到杠杆可以打开笼子，并且在被放进笼子后会立即这样做。

> 一个人的思想……是他的连接系统，使他的思想、感觉和行动的反应适应他所遇到的情况。
>
> ——E. L. 桑代克

桑代克由此推导出他所谓的"效果率"，即产生积极结果的行为很可能会被重复。就像巴甫洛夫的条件反射一样，这种行为似乎与有意识的思考无关。

行为主义的兴起

达尔文的自然选择理论和接受"人由低等动物进化而来"这一观点，使得人们相信人和动物之间具有连续性。以前人们认为人类不是动物，区别在于人类拥有"心智"，大多数哲学家认为这相当于"灵魂"。如果人和动物之间确实存在连续性，那么每当我们试图解释动物行为时，也必须考虑"心智"。

约翰·B. 华生起初是芝加哥大学的学生，后来成为约翰·霍普金斯大学的教授，他于 20 世纪初研究了老鼠是如何学习的。达尔文主义的思想加上研究心智的内省法，需要他用动物的有意识思维来解释他的结果，他无法接受这一点。讽刺的是，低等动物可能拥有所谓的"心智"的观点使他否认存在这种独立、独有的特征。

> 观察一种新产品的销售曲线的增长，就像观察动物或人类的学习曲线一样令人兴奋。
>
> ——约翰·B. 华生

根据巴甫洛夫和桑代克等人的研究成果，华生得出结论，心理学要成为一门真正的科学，就必须只研究生物体可观察到的行为。他说，我们只能观察到刺激（在

约翰·B.华生

约翰·B.华生在南卡罗来纳州（South Carolina）长大，他的家庭非常虔诚，而他却倾向于反叛。华生就读于南卡罗来纳州的一所小学院，毕业后本应进入普林斯顿神学院（Princeton Theological Seminary）。然而，他没有通过一门重要课程的考试（可能是故意的）便被迫在南卡罗来纳州多待了一年。在那段时间，华生的母亲去世了，他因此摆脱了来自父母的学习压力，得以在芝加哥大学学习心理学。

在创纪录地用三年时间获得博士学位后，华生继续在芝加哥大学进行研究，直到约翰·霍普金斯大学向他提供教职。他很快就成

约翰·B.华生从学术界转到广告业，在那里，他运用他的行为主义理论来影响消费者支出。

为心理系的系主任，并利用自己的影响力将心理系从哲学系中分离出来。这一有影响力的职位还使他有权利传播行为主义观念，就从他1913年的著名演讲开始，该演讲后来发表于《心理学评论》（Psychological Review），题为《行为主义者眼中的心理学》。起初，华生的观点广受好评，后来他当选为美国心理学会主席。他撰写了两本很有影响力的教科书：《行为》和《行为主义》。

在第一次世界大战服役后，华生返回约翰·霍普金斯大学，但因为婚姻丑闻和离婚，他被迫辞职。他的余生都在广告业中度过，但他继续演讲并出版了有关心理学的书籍，其中包括根据行为主义原则撰写的有关儿童养育的书籍，名为《婴幼儿心理卫生》。

生物体做某事之前发生的事件）和反应（随后发生的行为）。这中间发生的任何事情都是一个"黑盒子"，我们对此一无所知。刺激可以是一个信号，如巴甫洛夫的铃声，或一些内部事件，如胃部收缩发出

饥饿的信号。无论哪种情况，反应都必须是可观察到的行动，如分泌唾液或起身走到冰箱前。

尽管其他几位心理学家一直在朝着行为主义方向发展，但华生是第一个在1913

行为主义与广告

结束学术生涯后，约翰·B. 华生在智威汤逊广告公司工作。在那里，他试图使用行为主义的原则来"预测和控制人类的行为"。

通过对婴儿的研究，华生认为人类天生只有三种情绪：爱、恐惧和愤怒。在广告中，他试图将这些基本情绪与产品联系起来。相应地，他断定，为了有效，广告不应该简单地陈述"买它"或描述产品质量，而应该尝试将产品与积极的或有感染力的形象联系起来。例如，汽车轮胎广告可能会展示婴儿的照片，以唤起积极的感觉，并灌输对车祸的恐惧；啤酒和软饮广告可能会出现年轻、有魅力的人玩得尽兴的画面，从而吸引人们对快乐的普遍渴望。

华生将条件作用原理应用于广告的尝试并不完全成功，但他也提出了进行消费者研究的想法。在接受智威汤逊公司的早期培训期间，他被派往纽约梅西百货公司当职员，在那里他发现自己对消费者真正想要的东西知之甚少。因此，他引入了消费者调查，部分目的是为了了解人们喜欢的产品，但主要是为了确定他们的需求和欲望，以便将产品与这些基本感受联系起来。

现代广告业中使用的大多数研究思路都可以追溯到华生的影响。他还改变了大企业的文化，以强调基于科学研究的决策，而不是基于本能和先入之见。

欧米茄（Omega）聘请俄罗斯网球明星安娜·库尔尼科娃（Anna Kournikova）为其手表做广告，是为了让潜在客户将欧米茄手表与女性的美和运动能力联系起来。

心理学与社会

年推广这一思想的人，他的这一次著名演讲被称为"行为主义宣言"，后来发表在《心理学评论》杂志上。

华生的原则

华生提出的行为主义心理学的基本原则如下：

- 心理学家只能测量生物体外发生的事情，内省和任何"心智"的概念都无关紧要（这导致华生拒绝接受弗洛伊德关于无意识的理论，因为无意识是一个无法直接观察的概念）；
- 心理学研究的目的是预测和控制行为；
- 人和动物之间没有区别，只有程度上的不同（如智力水平）；
- 人们的行为完全来自生理反应，不归因于任何非物理性的影响。

虽然没有直言，但华生也否认了人们广泛持有的意识存在于"灵魂"中的观点。

条件反射

华生认为，要使心理学成为一门可以与物理学、化学和其他既定学科相提并论的真正科学，行为主义的方法论至关重要。他继续将行为主义作为一种理论发展，试图完全使用条件反射来解释复杂的人类行为。

他否定了"许多常见的人类活动是由'本能'指导"的观点。本能是一种生物体与生俱来的行为，从出生开始就存在，不需要学习。昆虫似乎完全靠本能运作：它们一孵化出来，就准备好捕食了。高等动物似乎靠先天行为和习得行为的结合来运作。例如，小猫知道如何舔舐毛发，即使它一出生就从母亲身边被带走，但没有被母亲教授过捕猎的小猫通常不会将老鼠视为猎物，因为捕猎是习得的，而非本能。

当华生开始他的研究时，其他大多数心理学家都认为，人们是在本能地进行许多日常行为。威廉·詹姆斯曾声称，诸如攀爬、狩猎、表示同情、玩耍、好奇心、谦虚、羞耻和父母之爱等行为都是出于本能的。

在对人类婴儿进行广泛观察后，华生认定，只有少数基本行为是婴儿共有的，如抓握、吸吮和四肢的随意运动。华生称，詹姆斯提到的复杂行为是在条件反射下产生的，如微笑。婴儿的微笑是对抚摸和消化系统内部压力的反应。华生写道："它（微笑）很快就成了条件反射。母亲的形象唤醒微笑，接着是声音的刺激，然后是图

阿尔伯特与老鼠

在观察了医院的婴儿后，约翰·B.华生确定，孩子出生时只具备一些基本的恐惧：害怕摔倒、巨大声响、疼痛和身体束缚。他说，所有其他的恐惧都是条件反射的结果，因为他们生活中的物体或事件与基本的恐惧联系在一起。

他首先在一个11个月大的男孩身上对该想法进行了测试，这个男孩被称为阿尔伯特·B.或"小阿尔伯特"，是医院护士的儿子。首先，华生在阿尔伯特面前放了一只白色实验鼠，他触摸着它，轻抚着它，玩弄着它。然后，就在阿尔伯特伸手想去拿老鼠时，华生身后的实验人员用锤子敲击了一根铁棒，响声惊吓到阿尔伯特。在实验重复了几次后，老鼠变成了一个条件刺激，会在孩子身上激发出和响声一样的恐惧反应。现在，只要将老鼠单独放在阿尔伯特面前就会使他害怕并大哭。

华生还计划用阿尔伯特来测试将条件作用作为消除恐惧的方法，但阿尔伯特的母亲决定让阿尔伯特离开医院，所以华生只能在其他孩子身上进行减少恐惧的后续实验。他发现积极的刺激，如食物，可以用来让孩子们摆脱恐惧。他给害怕老鼠的孩子食物，这时笼子中的老鼠被放在很远处，每天让孩子吃东西时，他都会将笼子挪近一些，直到孩子一只手吃东西，另一只手抚摸老鼠。

行为主义者认为，人类对老鼠的普遍恐惧是后天习得的，而不是天生的。

片，再然后是文字，最后是生活中的情景，看到的、被讲述的或读到的。"

华生说，情绪也源于早期生活中的条件反射。在实验中，他发现新生儿只表现出少数的情绪反应。他们在听到巨响、感到疼痛或经历失去支撑时，会表现出恐惧；他们在四肢受到限制时，会表现出愤怒；他们在被抚摸或喂食时，会表现出愉悦。他认为，所有这些反应都将进化为生存机制。随着生命的继续，其他刺激也开始与这些经历产生联系。例如，母亲的抚摸和喂食会让孩子学会"爱"他的母亲。

同样，没有人会"本能地"害怕蜘蛛或蝙蝠。这种恐惧在早期便形成了，与简单的内在恐惧联系在一起。华生在一项关于一个男孩和一只老鼠的著名实验中证明了这一点。

情绪的生成

当人们感受情绪时，通常会涉及与思想和事件有关的心理反应。例如，恐惧和愤怒会伴随着肾上腺素的释放，使机体有更多的速度和力量去战斗或逃跑。

> 约翰·B. 华生是 20 世纪上半叶心理学思想史上最重要的人物。
>
> ——古斯塔夫·伯格曼

华生认为，复杂的情绪是通过条件反射产生的。他以性羞耻和裸体羞耻为例。儿童在受到抚摸的时候会脸红，特别是在触摸性器官的时候。但是，当儿童触摸自己的这些地方时，成人可能会对他们大声喊叫，迫使他们停止这一行为。华生说，最终，这种脸红会成为条件反射，在提到这些身体部位，甚至是想到这些部位时，儿童都会脸红。更复杂的联系会产生更复杂的情绪。例如，嫉妒可能是先与父母之爱相联系，然后再与愤怒相联系而产生的结果（当这种爱针对另一个孩子时）。华生说，他没有进行足够的观察，无法确定这

种解释。然而，他确信，除了最简单的情绪之外，所有的情绪都源于一个人对所处环境中的事件的条件生理反应。

行为主义者认为，婴儿只有几种基本的情绪，所有其他的感觉都是在之后的生活中习得的。

技能和条件

根据华生的说法，即使是最简单的身体技能也是早期条件作用的结果。婴儿不断受到刺激，这些刺激既来自周围世界的景象和声音，也来自身体内部，如饥饿和消化。同时，婴儿会做出各种随意动作，而某些动作则会受到条件的作用，在特定的刺激之后出现。最终，通过条件反应的消失，那些不产生奖励的动作会逐渐消失。因此，华生说，婴儿看到一个瓶子，首先

会随意移动，但很快就会成为条件反射，执行一个简单的动作序列（伸手、抓握、将瓶子拉到嘴边）。

随着孩子的成长，从简单的行为开始，到越来越复杂的行为都会被条件化。在钢琴上弹奏熟悉的乐曲的演奏家是在执行一长串的条件反射，其中每一步（反应）都成为下一步的刺激。最终，演奏家不再需要来自机体外部的刺激，肌肉本身的运动就会成为触发下一个动作的条件刺激。在弹钢琴的过程中，演奏家看到乐谱上的音符就会形成条件反射，使手指移动到一个特定的键上。弹奏音符的肌肉运动紧随着看到乐谱的下一个音符，最终手指运动本身成为一种条件刺激，取代了乐谱上的音符，触发下一个手指运动。华生称，如果一个孩子从出生起就让他拥有完全的控制力，他很快就能训练这个孩子培养出任何选定的技能。

语言

华生认为，人类语言也只是对肺部、喉咙、舌头和嘴唇的一系列肌肉的条件反应。最终，与一个词相关的模式会与另一个词的模式联系起来，单词就会按其正确的顺序讲出。同时，单词和短语是对环境中客体的条件反应。当婴儿看到母亲时，他们会说"妈妈"。最终，这种联系变得多种多样。"妈妈"与母亲本人、母亲的照片，以及书中印刷的"母亲"一词联系起来。

我试图在你面前摆出一个刺激，一个言语刺激，如果你采取行动，就将逐渐改变这个世界。

——约翰·B.华生

华生说，思维只是一连串复杂的刺激—反应事件，其中一个联系的结果是下一个联系的刺激。语言的使用是条件反射的结果，用来联系客体与词语，而思维只是一串未说出的词语。他认为，在我们脑海中闪现的词语可能会导致次发声，也就是说，电信号会从大脑发送到声带，不过这些信号太弱，无法产生实际的语言。因此，华生认为，通过测量人们发声器官的电活动，就有可能读懂他们的想法。

资深的心理学家普遍抵制行为主义方法，但年轻的心理学家却抱着极大的信任接受了它。行为主义起初传播缓慢，但到了20世纪30年代，它已成为心理学中最常见的方法。行为主义有各种"风味"，有些涉及对"意识"概念的重新定义，但都与华生的基本原则保持一致。

B. F. 斯金纳

B. F. 斯金纳的父亲是一位自学成才的律师。斯金纳在宾夕法尼亚州的萨斯奎哈纳长大。在高中和大学期间，他学习英语，打算成为一名职业作家，并且获得了叛逆和喜欢恶作剧的名声。

毕业后，斯金纳回到家乡，用一年的时间来写小说，但没有成功。后来，他碰巧读到了自己最喜欢的作家伯特兰·罗素的一篇关于行为主义的文章，接着他又读了华生的《行为主义》和巴甫洛夫的著作。斯金纳作为作家一直在探索所创造的角色的人类行为，他认为行为主义可以解释其中的许多方面。随后，他进入哈佛大学攻读心理学研究生。1936年，他入职于明尼苏达大学。1945年，他被任命为印第安纳大学的心理学教授。1948年，他回到哈佛大学，在那里度过了之后的职业生涯。

斯金纳认为条件反射不仅可以用来解释人类行为，还可以用来预测和控制人类行为。1948年，他出版了小说《瓦尔登湖2》，书中讲述了一个乌托邦社会，在这个社会里，条件反射被用来预防和纠正反社会行为。在他的理想世界里，孩子们在社区托儿所长大，在那里他们被训练得举止得体，因此，他们是"快乐的"。1971年，斯金纳出版非小说作品《超越自由与尊严》。他在书中指出，自由的概念往往毫无意义，因为一个人的行为是终身的条件反射的结果。因此他说，干扰建立有计划的社会的自由权应该受到限制。

斯金纳还介绍了操作性条件反射，这是 E. L. 桑代克效应定律的行为主义版本。在操作性条件反射中，没有初始刺激，相反，某种奖励或满足会使有机体执行某种动作。条件反射不是在刺激出现时开始的，而是在有机体执行动作时开始的，被奖励的动作往往是习得的。为了研究这一想法，斯金纳发明了一种装置，他称为操作室，但其他人称之为斯金纳箱，它比任何早期的同类设备都更容易使用。

B. F. 斯金纳年轻时写过小说，但在对行为主义产生兴趣后，他决定学习心理学。

斯金纳箱

斯金纳箱是对 E. L. 桑代克所用的迷箱的改进，它是一个足够大的笼子，可以容纳一只动物，如白鼠。笼子的一面墙上有一根动物可以按压的小棍，一个可以传递食物颗粒的滑槽，通常还有一处水源。这根小棍连接着根据预先编程的系统提供食物的装置，以及一支在移动纸带上写字的笔。每一次按压小棍，都会显示为笔线的跳跃，从而生成动物随时间活动的图表。

实验前，实验者通常先对动物进行一段时间的训练。操作性条件反射取决于受试动物在实验开始时随机按压小棍，但是按压小棍对老鼠来说不是正常的行为，所以当老鼠朝小棍的方向移动时，实验者会先给它食物，进而当老鼠有触碰行为时，实验者会再给它食物。随着条件反射的进展，图表将会清楚地显示按压小棍的间隔时间在减少，它还会显示，如果在按压小棍后没有送出食物，条件反射是如何"消失"的。箱子实验让斯金纳发展了一个庞大的知识体系，最终形成了关于操作性条件反射的理论。

斯金纳的一个学生后来训练狗在好莱坞电影中表演，他设计了一种操作性条件反射的形式，教动物将一个简单的信号，如哨声，与奖励联系起来。训练员吹哨并给动物食物，重复这个过程，直到哨子本身成为一种奖励，哨声因此便成为一种条件刺激。如果训练员想让狗走到书架前，挑一本特定的书，然后把它带到桌子旁，他只要在狗走向书架时吹哨即可，然后，狗会在没有提示的情况下直接向书架走去。现在，每当狗朝它应该挑选的书的方向移动时，训练员就会吹响口哨，这个过程会一直持续，直到狗适应了整个事件的顺序。

B. F. 斯金纳用他的一个操作箱在老鼠身上进行实验。

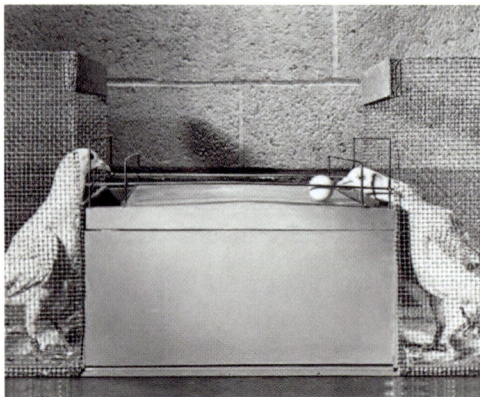

鸽子打乒乓球是一项可能超乎想象的任务。这是B. F.斯金纳设计的一个实验，为了证明只要奖励（该实验中是一粒小麦）足够有吸引力，动物就能通过条件反射去执行任务。

教学机器

行为主义的下一个重大进展是斯金纳的工作成果。斯金纳因创造"程序教学"而闻名，这是一种基于条件反射原则的教学方法。他在一个"教学机器"中引入了程序教学，在一个有窗口的盒子（框架）中显示少量信息。掌握了这些信息之后，他的学生会看到一个问题，而他们几乎每次都能得出正确答案。斯金纳说，得出正确答案的满足感是一种强化手段，帮助学生记住这些材料。机械教学机器很快被书籍取代，这些书上展示了简短的"框架"，然后在相邻页面上提出问题。

对教育的影响

不幸的是，"教学机器"一词被证明不利于公共关系，因为真正的教师担心他们的工作会受到威胁，但大多数人认为，程序教学方法只对简单的教学任务有用。如今，学校很少使用程序教学，但在商业和工业中仍然很常见，其原则存在于计算机辅助的教学中。

> 行为主义是在践踏他人不容批评的非理性思想。
>
> ——约翰·B. 华生

斯金纳想要遵循华生的建议，即心理学应该被用来预测和控制行为，主张在社会中用条件反射来预防和纠正反社会行为。斯金纳的观点被广泛应用于教育领域，将教师一直以来都知道的事情正式化，即行为如果得到奖励，就会重复发生。操作性条件反射的一个简单例子就是小学教师用来奖励孩子的金色星星。

不久之后，师范学院正式教授行为主义方法，将其纳入教科书，并告知师范生，学生需要成绩和其他激励措施以发挥其最大潜力，而且教材应该仔细排序，以使相关的观点相互形成条件反射。课堂上不受欢迎的行为也要通过行为主义技术来纠正，如强化积极行为、消除引发消极行为的刺激物。然而，斯金纳并不提倡惩罚，他指出，痛苦和惩罚可能会消除不当行为，但无法教授人们正确的行为以取代它们。

认知挑战

在大约三十年的时间里，许多心理学家认同华生的观点。他们的研究仅限于事件和行为之间的关系，而没有推测形成这些关系的心理过程。因此，行为主义的影响越来越大，在20世纪40年代和50年代主导了心理学。然而，在20世纪50年代中期，一种新的科学开始占据主导地位。1956年，一群研究人员聚集在麻省理工学院，包括杰罗姆·布鲁纳、乔治·米勒和赫伯特·西蒙。这些后来知名的认知心理学家重新唤起了人们对心智的兴趣。到20世纪70年代中期，几乎所有心理学家都在谈论心智如何运作，行为主义者的观点似乎变得无关紧要。

行为主义在情感和逻辑上都受到广泛批评。首先，华生和斯金纳等行为主义者的大部分实验在实验室动物身上进行，批评者不接受将其所获结果自动适用于人类更复杂的神经系统的假设。

> 行为主义实际上是一种平坦的世界观。
>
> ——亚瑟·库斯勒

关键日期

1903 年 伊万·巴甫洛夫发表了他对狗进行实验的结果，并介绍了条件反射这一概念。

1925 年 约翰·B. 华生出版了《行为主义》，书中指出所有的行为都基于条件反射，心理学应该是对人类行为的科学研究。

1938 年 B. F. 斯金纳出版了《有机体的行为》，这是众多有关操作性条件反射的出版物中的第一本。

20 世纪 50 年代中期 研究的重点转向了认知心理学和对心智的研究，而不是对行为的研究。

1972 年 雷斯科拉和瓦格纳设计出老鼠行为的数学方程式 "Rescorla-Wagner 模型"。

1986 年 詹姆斯·麦克勒兰德和大卫·鲁梅哈特创建了一个计算机程序，该程序可以学习动词的过去式，并犯类似于儿童犯的错误。

和华生一样，斯金纳认为，语言完全是由连接词语和物体及行动的条件反应构成的。批评者认为，语言学习中的个体差异意味着还存在遗传的成分——人们习得语言是因为他们准备建立特定的联系，而没有准备其他事情。换句话说，有机体本身就是刺激—反应序列的一部分，因此并非所有行为都是由学习决定的。但即使是最有敌意的批评者也认同仅限于心理学的某些领域时，行为主义是一个有用的理论。

行为主义的现状

如今，尽管大多数心理学家认为华生和斯金纳的行为主义对行为的解释过于极

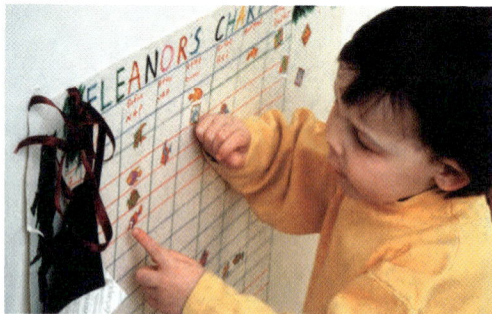

图中三岁的埃莉诺（Eleanor）指着她的激励表上的贴纸。行为主义者关注事件和行为之间的关系，好的行为会得到奖励，坏的行为会被忽略。贴纸本身可能是一种奖励，或者它们可以用来换取糖果等零食。

端和简单，但他们承认该理论打开了一扇了解人类心理的窗户。行为主义对心理学的首要贡献是方法论——一种科研方法，其次是治疗——一种治疗心理障碍的方法，最后是一种哲学思想——有关心理学应该是什么、不应该是什么的观点。前两项贡献在现代心理学中仍然十分重要，只有哲学思想存在争议。

行为条件的作用

行为主义者关注事件和行为之间的关系，这引导他们探索不良行为是否可以改变。因此，他们对治疗的贡献比其他心理学领域更持久。

例如，精神科病房的医生的目标之一是帮助患者过上正常的生活，这通常始于解决患者问题的基本任务。在一些情况下，用代币奖励正常、健康的行为，可以实现这些目标。这些代币本身没有什么价值，但可以用来交换奖励，如去看电影或获得额外的食物。在代币系统中，患者会因适宜的行为而获得即时奖励，而不当的行为则不会获得奖励。系统会发布规则以便每个人都知道如何获得代币，以及获得特定奖励需要多少代币。

研究表明，代币经济的引入对入院多

对公开演讲的恐惧

心理学与社会

大多数人在公共场合讲话都会有些紧张，有些人甚至会十分焦虑，会想尽办法避免公开演讲，但如果公开演讲是工作需要，那就成问题了。针对这种情况，行为疗法可以提供快速有效的补救措施。对行为治疗师而言，焦虑是人们对特定对象或情形产生的反应，例如，拥挤的教室便会引发一些人的焦虑反应。阻止焦虑反应的办法就是训练人们对同一情形产生新的反应。精神病学家约瑟夫·沃尔普（Joseph Wolpe）开创的系统脱敏技术（systematic desensitization）可以帮助行为治疗师做到这一点。该技术可帮助患者降低对恐惧情形的敏感程度。

在系统脱敏中，治疗师需要同患者一起拟定清单，列出各种焦虑情形。患者对其进行焦虑程度递增的排列。之后，治疗师会教患者如何放松，如控制呼吸和放松肌肉。患者掌握这些技巧后，治疗师会让其放松并想象清单上焦虑程度最低的情形，如果患者开始感到焦虑，便可暂停想象，放轻松准备好后再继续。该过程重复多次后，患者会逐渐想象压力更大、更容易焦虑的情形，治疗师以此训练患者对曾经产生焦虑的情形做出新的放松反应。因为一个人无法同时感受焦虑和放松两种情绪，所以学习新的放松反应能够消除之前的焦虑反应。

研究表明，经过五次沃尔普系统脱敏疗法便可有效克服对公开演讲的恐惧。与进行五次传统心理治疗相比，这种行为疗法被证实更为有效。

年的患者的行为产生了真正的积极影响。代币可用于奖励行为，如穿着得体或与其他患者社交；代币也可兑换为特权，如看电视。在一个实验结束时，超过十分之一的患者已经足以康复出院了，而如果没有代币经济，他们预计都会留在医院。社交能力更高的患者也改善了病房的运作。代币经济也被有效用于改善普通学校和特殊教育学校的行为。

行为矫正

更普遍地说，行为方法已被证明在治疗各种问题方面都非常有效，如蜘蛛恐惧症和公开演讲恐惧。治疗这些恐惧症（不合理的恐惧）的方法常依赖于条件反射原理。就像华生通过逐渐让老鼠靠近孩子来消除孩子对老鼠的恐惧一样，患者逐渐接触到所害怕的事物的温和版本，通常伴随着愉悦的刺激。患有广场恐惧症（害怕去公共场合）的人最开始可能会坐在前廊，之后他们可能会走到前廊的尽头，然后到拐角处，如此下去，直到他们能够耐受拥挤的公共场所。

另有研究人员发展了更极端的方法，该方法被称为"厌恶疗法"，在20世纪60年代末到70年代初十分流行。基于斯金纳对动物行为的条件反射实验，该方法试图通过将不良习惯与不愉快的刺激（如巨响和难闻的气味）联系起来以进行纠正。例如，想要戒烟的人在点燃香烟时被施以轻微的电击（被委婉地称为"法拉第治疗"）。基于该技术的项目仍在华盛顿州西雅图的希克沙德尔医院使用，并号称成功率可达95%。类似的技术已应用于治疗酒精和药物成瘾、强迫症行为及"治愈"同性恋。在《发条橙》（*A Clockwork Orange*）的书籍和电影中描绘了极端的情况，用催吐药物对罪犯亚历克斯进行条件刺激，使他无法进行暴力和反社会行为。

> 如果被剥夺了在善与恶之间做选择的权利，我们会失去人性吗？
>
> ——斯坦利·库布里克

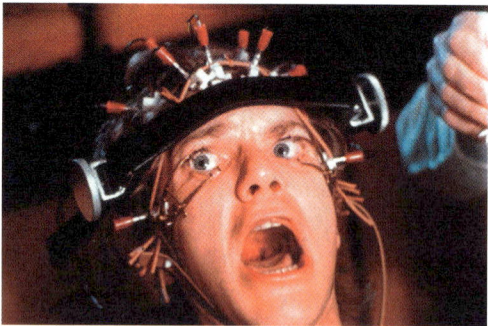

图为斯坦利·库布里克（Stanley Kubrick）所执导的电影《发条橙》的剧照，该电影改编自安东尼·伯吉斯 1962 年的小说。在该场景中，主人公亚历克斯（Alex）被注射药物，并被迫在听音乐的同时观看暴力画面。药物会使他呕吐，从而使他不愿进行暴力，也不愿听贝多芬的音乐。

学习

行为主义者也以推广特定的心理学方法而闻名，特别是像伊万·巴甫洛夫和 B.F. 斯金纳。这些科学家为推广使用老鼠和鸽子的精控实验做了大量工作，发现了更多关于自身的信息。如今，他们所发展的方法被用于研究动物思维的复杂性，许多动物已被证实具有超凡的记忆力，我们得知，它们利用记忆来更高效地学习和帮助自己生存。

鸽子的超凡记忆力

案例研究

请看方框中的两张图片。假设有人给你看这些图片，然后说："两年后，你会再次看到这些图片，如果选了路标，你会获得金钱奖励；但如果选了房子，你就什么也得不到。"你觉得两年后的自己还能记得要选哪张图片吗？如果你要记的不是 1 组，而是 160 组各式各样、无明显主题或关联的图片，又会怎样呢？两年后你能记住多少呢？

威廉·沃恩（William Vaughan）和莎伦·格林（Sharon Greene）所做的一项实验表明，如果你是一只鸽子，那么

选此图片不会获得奖励。在 320 张图片中，鸽子会记得不去选择这张图片。

你能记住几乎所有图片。沃恩和格林收集了 2 组各 160 张图片，每组图片都是随机选择的，无明显的主题或关联，我们称其为 A 组 和 B 组。沃恩和格林通过只给在 A 组图片上啄食的鸽子谷粒奖励，训练鸽子去 A 组而不去 B 组图片上啄食。

两年后，如果你从大量图片中选择了这张图片，就可获得现金奖励。你认为自己能记住吗？

从 320 张随机图片中辨认啄哪 160 张并非易事，鸽子经过近 200 次训练后才得以掌握。但一旦掌握后，它们会将信息储存起来，甚至两年后都会记得。即使经过这么长的时间之后，鸽子也几乎只啄它们之前会得到奖励的图片。

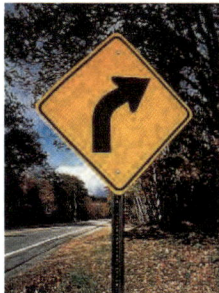

行为主义者表明，老鼠等动物可以学会两个事件的关联，例如，某种行为会导致奖励（如食物）或惩罚（如电击）。研究表明，如果老鼠已经知道闪烁的灯光预示着电击，并且蜂鸣器在灯光闪烁时响起，那么老鼠就不会费时去学习有关蜂鸣器的信息。它已经知道电击即将来临，因为灯光正在闪烁。

老鼠和其他动物似乎一直在预测接下来会发生什么，如果预测正确，那么它们就足以理解这个世界，不需要进行学习。然而，如果预测错误，它们就需要进行更

多的学习。因此，它们会更加关注意料之外的事情。

意外因素

1972 年，美国的两位心理学家鲍勃·雷斯科拉和艾伦·瓦格纳提出了一项重要的发现。他们首先指出，在许多情况下，老鼠的学习程度受到其惊讶程度的影响：意外的刺激意味着产生更多的条件反射。他们继续提出，老鼠在该情况下的行为可用数学公式来解释，该公式被称为雷斯科拉 - 瓦格纳规则。当时，多数心理学家对该公式的学习并不是特别感兴趣。他们认为，这个公式描述的是老鼠的行为，因此不能应用于人类。

> 心理学中所有重要的东西，本质上都可以通过分析老鼠在迷宫路口的选择行为进行研究。
> ——爱德华·托尔曼（Edward Tolman）

20 世纪 80 年代，詹姆斯·麦克勒兰德和大卫·鲁梅哈特在雷斯科拉 - 瓦格纳规则的基础上开发了德尔塔规则，人们的看法开始发生改变。德尔塔规则使用了老鼠条件反射的理论，使计算机能够学习。通过这种方式，麦克勒兰德和鲁梅哈特证明了计算机能够学习动词的过去式。例如，对

于单词 "go"，计算机程序可以告诉你它的过去式是 "went"。该程序适用于 500 多个动词。不仅如此，该程序最初开始学习过去式时，会犯和儿童类似的错误。许多年幼的孩子会经历这样一个阶段，在这个阶段他们会忘记 "go" 的过去式是 "went"，而会使用 "goed"。鲁梅哈特和麦克勒兰德的计算机程序也会犯同样的错误。

如今，许多心理学家使用计算机来模拟人类思维，以更好地理解它。在这些尝试中，雷斯科拉 - 瓦格纳模型是至关重要的，它解释了条件反射，以及条件刺激与无条件刺激之间的关系。

打破习惯

行为主义还帮助心理学家和其他科学家发展了治疗心理问题的医学方法。许多人对非法物品和危险物品上瘾，如可卡因。一旦成瘾，在没有帮助的情况下会难以戒掉。即使已经戒掉很久，也很容易重新开始服用，其中一个原因或许是吸毒已成为一种习惯。

习惯是在熟悉的环境下自动产生的学习行为。许多习惯是正常、有用的，如早上刷牙；其他一些习惯，如咬指甲，是无用、恼人的。有些习惯，如饮酒或吸毒，

会导致身体上瘾，在没有医疗协助或专业帮助的情况下难以停止，并且会导致长期的健康问题。

1999 年，玛丽亚·皮拉（Maria Pilla）和其同事在《自然》（*Nature*）杂志上发表了一篇文章，描述了他们是如何让老鼠对可卡因上瘾的。在成功让老鼠上瘾后，他们设置了这样一种情境：灯光亮起时，意

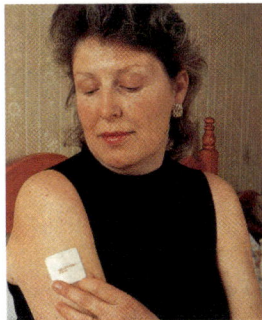

有些习惯（或习得行为）是有益的，但有些会有损健康，如吸烟。一旦在生理上对尼古丁上瘾，若不像图中女士一样戴上尼古丁贴片或者借助嚼口香糖等医疗帮助，就很难戒掉。

眼不见，心不烦

焦点

如果你去附近的城镇旅行，你将无法看到自己的房子，但你知道它还在那里。在很长一段时间里，心理学家认为婴儿无法掌握这一基本概念。不幸的是，有关婴儿的理论很难验证，婴儿很难以心理学家希望的那样与人和物进行互动，因此心理学家也难以准确测量。20 世纪 90 年代，心理学家采用了行为主义者所提出的技术来测试老鼠和鸽子，成功解决了这一难题。

事实上，所有动物，包括人类，都会习惯于重复事件。例如，鼠笼中首次闪烁蓝光时，老鼠会转身看一会儿，而当灯光闪了约 40 次后，老鼠就会忽略它。这种反应逐渐减少的现象就叫做习惯化，这时若发生打破规律的事情，习惯化就会消失。例如，如果开始闪烁红光，习惯蓝光的老鼠就会再次注意灯光，这也意味着老鼠能够区分红光和蓝光。

意料之外的事情会打破习惯化，研究人员以此观察婴儿是否对特定事情感到惊讶。例如，向婴儿反复展示一个活动直到产生习惯化表现，这时更改活动，如果婴儿的注意力被再次吸引，就说明婴儿察觉到了变化。

在一项实验中，研究人员设计了两种不同的变化。一个变化是一个婴儿再也看不到的物体阻止另一个物体的移动，婴儿并未感到特别惊讶，这说明他们知道第一个物体仍然存在；另一个变化是通过魔术让物体停止移动，除非婴儿认为阻止这个物体移动的物体不存在，否则这毫无可能发生。对这一变化，婴儿尤其感到惊讶。

味着即将可以获得可卡因。一段时间后，老鼠会在亮灯的时候立刻试图获取可卡因，这是因为老鼠把亮灯和满足对可卡因的依赖联系在了一起。

一旦老鼠染上了食用可卡因的习惯，它们能被治愈吗？利用可卡因对大脑影响的了解，科学家开发了一种新的药物。该药物本身似乎不具成瘾性，如果老鼠服用了这种药，它们在亮灯时就不会寻找可卡因。显然，我们仍有很长的路要走，但这些实验为解决一些棘手的社会问题提供了希望。如果没有行为主义者开发出的程序，这样的实验不可能实现。

> 我们越是了解人们是如何学习的……越能更好地帮助他们学习适当的行为，并消除不当行为。
>
> ——大卫·利伯曼（David Lieberman）

行为主义者对现代心理学做出的最重要的贡献是最难察觉的。他们坚持认为心理学应该是一门科学，科学家进行严格控制的实验，心理学家也应该如此。行为主义者称，心理学不可能仅仅通过讨论和辩论就取得进展，而需要客观和确凿的事实。

行为主义的遗产

多数现代心理学家都认同心理学需要成为一门客观科学。纵览心理学的许多领域，你会发现它们是如何被行为主义者的观点彻底改变的。

19世纪晚期，诸如威廉·冯特等早期心理学家曾试图通过训练人们将其意识经验分解为"未经加工"的成分来理解心灵。例如，冯特会要求学生用特定形状和颜色的光线来描述透过窗户所看到的东西，而不是用诸如树木的物体来描述。

许多现代心理学家认为，我们的意识经验是由简单的成分组成的，我们之所以能看到诸如树木的东西，只是因为我们把这些成分组合成物体。然而，现代心理学家给出的这种观点的理由比冯特的更为科学，可能会指向视觉搜索实验之类的东西。

视觉搜索实验有点像儿童游戏。请看下页右边的两张照片，试着尽快在每张图片中找到红色的T。第一张图很简单，这个"T"仿佛突然出现在你面前；第二张图较难，可能是因为你必须从颜色和形状的组成部分来构建每个对象。第一张图则无须这么做，你所要做的就是看到一小片红色。

在行为主义出现之前，多数心理学家

不会对这些结果进行进一步分析，相比之下，现代心理学家会需要一些证据。1980年，名为安妮·特雷斯曼（Anne Treisman）的研究人员向人们展示了许多类似于下图的图片，从而提供了证据。针对每一张图片，她都要求人们尽快找到一个物体，找到后立即按下按钮。她测量了展示图片和按下按钮之间的时间，发现人们在第二张图中花了更多的时间来寻找物体，这提供了明确的证据，表明人们觉得图二比图一更难。心理学就是通过这样的客观实验来不断发展的。

要点

- 行为主义被证实为一种成功的心理学观察方法和治疗方法。
- 作为一门科学，行为主义并不成功，它在许多方面被认知心理学所取代。
- 使用行为主义方法可以改变一些问题行为。
- 使用行为主义方法的实验有助于研究动物的思维。
- 行为实验的结果对开发可学习计算机十分有帮助。

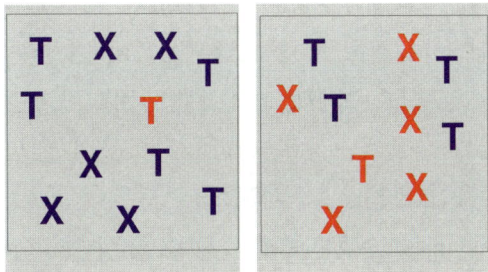

哪个游戏中更容易找到红色的字母 T？诸如此类的视觉搜索实验为心理学家提供了可被其他研究人员重复的客观测试。

第十一章　神经心理学

……一项在裂缝处雕刻认知的练习……

——R. 麦卡锡和 E. 沃灵顿（R. McCarthy & E. Warrington）

神经心理学家研究了大脑神经结构的组织方式。18 世纪末，研究人员发现大脑损伤与功能丧失的关联后，神经心理学从猜测转变为真正的科学。从此，心理学家对心理活动的生物学基础有了众多发现，技术进步也使心理学家得以测量正常人群的大脑活动。

如果没有生物课堂上的知识，我们如何知道大脑是感觉器官呢？或许身体的其他部位，如肝脏，才是我们用来思考的器官。其实，就算没有课本知识，我们也可以自己想通这个问题。

例如，我们知道，人体的五个外部感觉器官中有四个位于头部，对鱼、鸟或哺乳动物的解剖也清晰表明了感觉器官的神经都通向大脑。而且，如果头部受到猛烈撞击，常会导致意识的突然丧失，严重扰乱思维与心智。相比之下，身体其他部位受到类似撞击只会造成剧烈疼痛，但精神上则不受影响。

> 笛卡儿的错误是什么？是把思维与生物机体的结构和运作进行分离。
>
> ——安东尼奥·达马西奥

尽管大脑似乎是寻找思维生物学基础的不二之选，但心脏作为思维器官（特别是在情感方面）的重要性却是一个长期争论的话题，可追溯到古希腊的哲学家。然而，到了中世纪，争论对象变为大脑中一些相互连接的内室（被称为脑室，充满脑脊液），该大脑模式被称为脑室定位理论（ventricular localization theory），并由法国哲学家勒内·笛卡儿扩展研究。笛卡儿在心理学上最著名的主张是思维（灵魂）和肉体是分离的，他致力于寻找二者间的中介结构，认为大脑中的松果体小巧且"灵活"，可以四处移动，并与周围脑室中的"元气"相互作用。关于脑室和腺体的争论确实体现了（尽管是全然错误的）脑功能初始假设的合理性，但几乎无验证迹象，也没有合乎逻辑的理由来解释为什么解剖后最为显眼的脑室是用来实现多样的心理过程的。

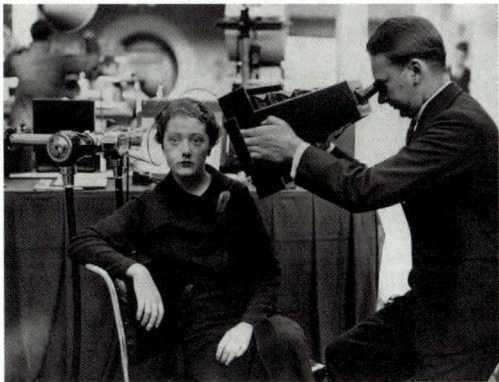

一位妇女在 1934 年的伦敦医学展览会上进行头部 X 光检查。这种防震设备专为诊疗室设计，使用简单，可插入任何家用插座使用。

颅相学的影响

弗朗茨·加尔曾提出著名的大脑与思维关系说，他认为大脑外表面的不同区域可能与不同的人格特质挂钩，如"破坏性"和"尊敬"。这一观点后经加尔的同事约翰·斯普茨海姆拓展，被称为颅相学。

颅相学理论认为可以通过颅骨凸起来判断一个人的性格，并认为负责特定功能的大脑底层区域会在颅骨上留下印记，在特定位置形成凸起。据说，加尔在九岁时便提出这一理论，当时他注意到一位语言记忆特别好的朋友和他一样有一双大而凸出的眼睛，这或许暗示着内在能力和外在特征之间的联系。

关键日期

中世纪（约 5 世纪—15 世纪） 脑室定位理论是解释大脑模式的盛行理论。

18 世纪 90 年代 德国生理学家弗朗茨·加尔提出颅相学，认为认知功能是相互独立的，并存在于颅骨特定的凸起中。

1861 年 保罗·布洛卡报道了只会讲"Tan"的病例，尸检显示其左脑额叶受损。

20 世纪 60 年代 罗杰·斯佩里的"分脑"实验表明，左脑控制语言，右脑控制空间意识。

20 世纪 70 年代 引入认知神经心理学概念。

20 世纪 80 年代 脑结构成像技术被广泛应用。

20 世纪 90 年代 脑功能扫描技术被广泛应用。

菲尼亚斯·盖奇

案例研究

菲尼亚斯·盖奇是神经心理学领域最著名的患者之一。19 世纪 40 年代，他在北美的铁路公司工作，在一次监督工人用炮棍捣实放入岩层的炸药时，炸药过早爆炸，炮棍直接穿入盖奇的头骨和大脑额叶。因为棍子穿入大脑速度过快，脑组织灼烧时间短，所以只有较小的额叶区域受损。盖奇没有失去意识，身体也迅速恢复，但心理却发生了一些明显的变化。事故发生几年后，他的医生哈洛（Harlow）对该病例进行了记录。

尽管盖奇的脑损伤程度相对较小，但他的性格发生了巨大变化，与之前判若两人。受伤前，他一直是工头，要承担一定的责任，大家都评价他可靠，雇主也很器重他。事故发生后，他变得放荡不羁，举止失态，在工作和生活中都做出了许多不当决定。在生命的最后时刻，他在一次巡演中亮相，向大家展示了自己的状况和穿过他大脑的那根炮棍。

从盖奇以来的无数案例中，我们知道该部分额叶受损总是会导致特定的性格转变。研究表明，像盖奇这样的患者无法依靠对世界的情感经历去判断所做之事的对与错，因此他们似乎无法判断是应该相信商店里卖 1 000 美元的计算机的销售员，还是相信酒吧里卖 100 美元的"完好如新"的二手计算机的骗子。因此，患有这类缺陷的患者通常会做出一系列错误决定，几年后，他们的生活可能就毁掉了。

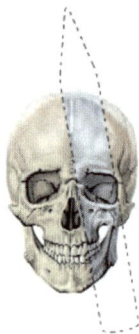

菲尼亚斯·盖奇的头骨和大脑的示意图，图示其额叶的受伤部位。

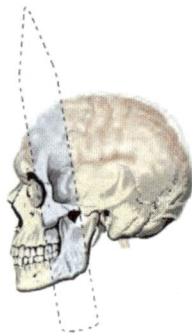

菲尼亚斯·盖奇的头骨和大脑的侧视图，图示炮棍穿过大脑的角度。

缺陷研究

让-巴普蒂斯特·布扬特（Jean-Baptiste Bouilland）为颅相学向科学理论迈进架起了重要桥梁，他是法国颅相学学会的创始人，是一位受人尊敬的科学家。与加尔不同的是，他不仅研究头骨的凸起，也强调通过（在尸检中）检测大脑去推断大脑各区域的重要性。

布扬特并没有像加尔一样去调查智力超群的人（如有超强的语言能力），他的研究对象为缺失某种特定能力的人。他注意到，患过（由部分脑供血不足引起的）中风并因此出现语言障碍的人，通常是大脑前部区域受损。加尔认为凸起是智力过度发育的标志，而布扬特发现患者因为该部分受损而出现功能丧失，这种对功能而非结构的关注是脑科学的重大进步。

临床解剖方法

布扬特采用的研究方法并非其独有，这里一定要提及让-马丁·沙尔科。1882年，在巴黎沙普提厄医院（Salpêtrière Hospital），沙尔科创立了著名的神经学诊所。他对神经系统和非神经系统疾病的定位方法与布扬特相似，该方法因需要对比患者的临床行为和损伤部位的解剖，后被称为"临床解剖"方法。

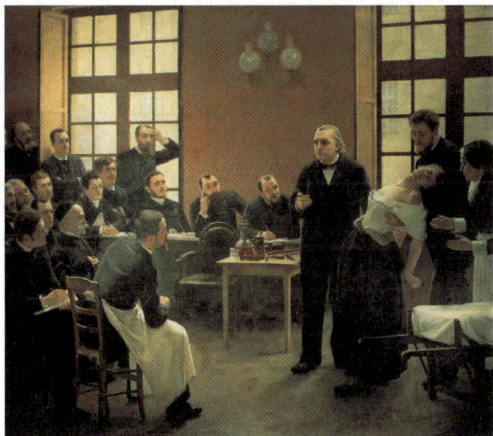

法国神经学家让-马丁·沙尔科是一位才华横溢的老师，吸引了来自世界各地的学生。这幅名为"在沙普提厄的沙尔科"（*Charcot at the Salpêtrière*）的画作完成于 1887 年。

临床解剖方法最著名的案例来自外科医生保罗·布洛卡。1861 年，他对患者"Tan"的报告常被视为神经心理学的奠基。布洛卡总结道，左脑额叶负责语言生成，而大脑的其他区域可能负责其他尚未发现的功能。后来，研究人员将类似的逻辑应用于大脑几十种心理功能的研究，绘制出大脑功能图，这些功能图就如同各个专门区域的拼缀图。

充满发现的世纪

在布洛卡提出自己的发现后的 140 年

里，其临床解剖方法已被广泛应用于心理功能研究，各项研究的发现则构成了神经心理学的核心，当中不乏里程碑式的发现。布洛卡曾确定左脑与语言生成有关，而在19世纪晚期，科学家意识到左脑的外表面（皮层）与几种语言功能都相关。语言的各个方面，譬如语言的生成、重复和理解等，似乎在左脑都有对应的特定区域。对语言的研究如今仍是神经心理学的中心研究领域之一。

> 思维之要地，与大脑之要地相对应。
>
> ——保罗·布洛卡

大约100年后，科学家才着重关注右脑的功能。现在我们知道，右脑与语言的其他功能领域相关，如音韵和旋律，也与空间感和注意力相关。20世纪60年代，罗杰·斯佩里对癫痫患者进行了一系列实验，这些患者都曾在手术治疗中切断大脑半球间名为胼胝体的神经纤维束。斯佩里的"分脑"实验表明，如果他通过左视或右视控制受试者视野中的信息，然后问相关问题，受试者的反应会因在左脑还是在右脑处理信息而截然不同；切断胼胝体后，左脑和右脑在某种程度上就像两个独立的大脑。1981年，斯佩里因其突出的研究成果，与人共获诺贝尔生理学或医学奖。

并非所有神经心理学的重大发现都来自语言和大脑半球非对称的研究，研究人员也对人的物体识别、事物记忆及与外界

保罗·布洛卡与勒博涅

案例研究

1861年，外科医生保罗·布洛卡首次使用了临床解剖方法，这是神经心理学领域最著名的案例之一，常被认为是神经心理学的开端。布洛卡报告了有严重语言表达障碍的病例，病人只能讲出"Tan"这个词。尽管不太友好，但医院的工作人员都叫他"Tan"（患者的真名是勒博涅），这是他唯一能讲出的词。尽管Tan很难表达自己的意思，但他似乎能听懂布洛卡的话，智力也相对正常。

Tan在布洛卡对他进行检测的几天后就去世了。尸检显示，Tan左脑的额叶、颞叶（侧部）和顶叶（后上部）有大面积损伤，但最大也是最久的损伤区域位于下额叶（也就是低额叶）。为了纪念这个发现，该额叶区域被称为布洛卡区。

的互动方式进行了大量研究。

20 世纪 50 年代，布伦达·米尔纳（Brenda Milner）在蒙特利尔得出此类型研究中最著名的发现之一——证明了海马体（前脑中的结构）对记忆的重要性。研究海马体受损的影响时，她发现海马体受损的人无法学习某些类型的新知识，因此海马体对新信息储存和新记忆巩固似乎至关重要。但是，移除海马体并不会影响短期记忆，这表明在信息永久储存在大脑皮层前，海马体会进行信息处理，它是长期记忆的临时储存场所，或者说它是在事件与记忆之间建立联系的"装置"。

神经心理学家的另一研究重点是物体识别选择障碍患者，如人面失认症（无法识别人脸）。20 世纪 70 年代，英国伦敦的伊丽莎白·沃林顿首次详细描述了知识选择性丧失（如有生命物体的知识选择性丧失）；20 世纪 80 年代，恩尼奥·德伦兹（Ennio DeRenzi）和安迪·杨（Andy Young）也贡献了此类研究成果。

大脑区域

心理学家在解释这些神经心理学的发现时需格外谨慎。神经心理学家或许会认为，大脑的某些区域是面部识别、记忆或语言的"中心"，但结论的产生需要不断假设，并不是"想当然"一蹴而就的。一个显而易见的问题是，观察到的损伤可能只是广泛脑网络的一部分——在这个网络中，各部分协作执行面部识别、记忆或语言任务。若一个特定过程由大脑多个区域参与，那么其中任何一个区域的损伤都会使任务无法完成（虽然可能以不同的方式）。研究人员不应急于得出这些关于"中心"的结论，而应多去识别与特定功能相关的不同大脑区域，并了解各自的作用。20 世纪 60 年代，神经心理学家亚历山大·鲁利亚提出，神经心理学的最主要工作是去理解大脑的各区域是如何形成一个"功能系统"的。

最新发展

20 世纪七八十年代，认知心理学家愈发意识到可以通过神经科患者来测试认知功能理论，不久之后便出现了认知神经心理学这一混合学科。这个新领域涵盖认知心理学和神经心理学，最初发展于欧洲（主要是英国和意大利），而后在世界范围内产生了巨大影响。

许多认知心理学家被通过神经科患者研究心理过程（如语言和思维）所吸引，

H. M. 与遗忘症

案例研究

在报道过的极为严重的遗忘症典型案例中，最著名的是 H. M. 病例。为缓解癫痫，H. M. 在 1953 年接受了脑部手术。在之后的近 50 年里，他被反复测试，因此，心理学家对他的了解可能多于对世界上的任何患者的了解。

虽然 H. M. 记得 1953 年之前的大部分生活细节，但他严重丧失了形成新记忆的能力。他日复一日地做同样的拼图游戏，读同样的杂志，但休息半个小时后，他无法讲出任何新事情；搬家后，他也找不到去新家的路。H. M. 只记得 1953 年之后个别为人所知的人物，有些人物或许非常有名，如摇滚歌星"猫王"埃尔维斯·普雷斯利利（Elvis Presley），对他来说却只是有点熟悉。可以说，他患有严重的遗忘症，丧失了对新记忆（尤其是个人的，即所谓的情节记忆）进行编码的能力。

然而，H. M. 仍记得许多方面的内容。例如，他仍然知道狗是什么（语义知识），能够学习杂耍之类的新技能（过程性知识），也可以在很短时间内记住信息（如复述句子与数字）。因此，只要内容不超过几秒钟，他就可以进行一场几乎正常的对话，不过过不了多久，他就会全然忘记对话的发生。

尤其是研究病人神经心理缺陷的选择性和紊乱度，例如，H. M. 的记忆缺陷只影响了情节记忆，而患者的记忆力却差到只能维持几分钟。这类研究结论通常比传统认知心理学实验得出的结论更为显著，可以用几毫秒的反应时间差来衡量实验效果。

除了认知神经心理学的出现，其他学科也因技术发展有所改变。临床解剖方法通常需要科学家从患者身上收集"解剖"信息，而在神经心理学的历史进程中，技术得到了巨大发展。早期唯一可行的方法是对死者进行尸检，该方法有很大的缺点，因为患者几年甚至几十年后才会离世。现在则可以利用技术来观察或"成像"活人的大脑，从而解决这一问题。

技术进步让科学家得以观察神经系统健康的受试者的大脑活动，并可视化参与特定心理任务时的大脑活跃区域。尽管在许多方面这与传统神经心理学的研究方法不同，但无论一个人是否有神经障碍，基本的临床解剖学原理是相同的。如果受试者患有某种障碍，研究人员会将功能丧失与大脑损伤联系起来；如果没有神经系统疾病，研究人员会将大脑功能与某个激活部位联系起来。

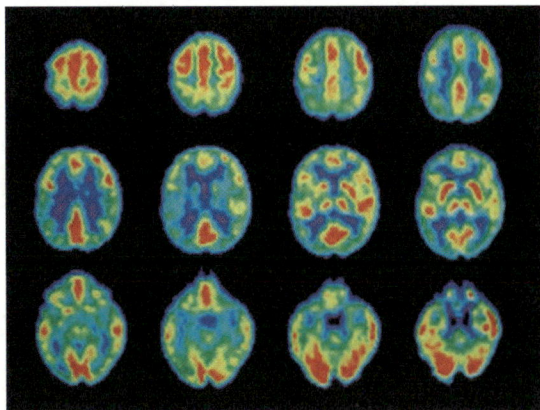

科技的迅速发展使心理学家得以观察健康受试者的大脑活动，图为受试者在进行各项脑力活动时的 PET 扫描彩色编码结果，显示大脑被激活的不同部位。

神经心理学的最后一次变革始于 20 世纪 90 年代，此次变革由爱荷华大学（University of Iowa）的安东尼奥·达马西奥主导，当时，人们对长期被忽视的情绪研究愈发感兴趣。最振奋人心的成果是，它展示了情绪对认知（如记忆或语言）的惊人的关键作用。该领域的研究也使心理学家得以研究以情绪为神经基础的各类精神障碍，如孤独症、抑郁和精神分裂症，发现这些障碍的产生原因也为找到新的治疗方法提供了可能。

第十二章　脑成像技术

……看见大脑在思考……

——泰勒斯

脑成像技术始于 20 世纪 20 年代，当时，汉斯·伯格首次测量到来自人类头皮的电脉冲。从那时起，医生便可以通过一些观测脑状态的新技术研究脑疾病，心理学家也可以精准确定脑活动的区域。

60 年前，如果你告诉脑科学家，20 世纪末他们能够成像有生命的人脑，他们或许会心存疑虑，毕竟当时只能在伦理范围内研究动物大脑。后来一些具有突破性的脑成像技术被发明出来，这些技术能够成像人脑，甚至可能是思维的运作方式。它们对理解人脑如何处理运动和感觉，大脑如何学习和保持诸如语言、记忆和注意等认知能力至关重要。脑成像技术还能帮助心理学家了解精神障碍患者大脑的运作，这或许能最终引领他们找到治疗方法。

> 欢迎来到人类大脑，一个复杂的大教堂。
> ——P. 科文尼与 R. 海菲尔德
> （P. Coveney & R. Highfield）

多种技术

可用于人脑研究的脑成像（也称作神经成像或功能成像）技术有以下几种。最初的脑电图（EEG）在 20 世纪 20 年代被首次使用，用来测量大脑表层发出的脑电活动；发展于 20 世纪 70 年代的脑磁图（MEG），用来测量大脑活动所产生的磁

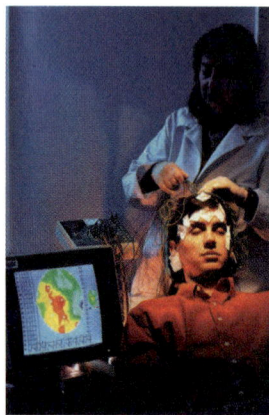

图中的研究人员正在进行脑电图扫描，该技术由汉斯·伯格在 20 世纪 20 年代首创。通过记录头皮的电脉冲，研究人员可以得到计算机生成的扫描图像，活跃程度最高的区域显示为红色和橙色。

场；还有最近发展出来的技术，如正电子发射断层扫描（PET）、单光子发射断层扫描（SPECT）和功能性磁共振成像（fMRI）等，用来测量大脑中的血液流动。

这些技术都具有非侵入性，这意味着不做手术就能研究有生命的人脑，揭示异常的大脑模式。

电场与磁场

人脑含有约 1 000 亿个神经细胞，这些神经细胞被称为神经元，它们通过长纤维（树突和轴突）与其他神经细胞相连。和体内其他细胞一样，神经元就像微小的电池。细胞膜两侧有近十分之一伏特的电压差，内侧通常分布更多的负电荷。神经元被激活时，带正电荷的钠离子会从细胞膜上的小孔冲入，短暂逆转电压，使神经元"发射"一个脉冲或动作电位。

> 到达大脑的意念使其进入活动状态，就像食物进入胃部后会刺激其分泌胃液一样。
>
> ——皮埃尔·卡巴尼斯（Pierre Cabanis）

活跃神经元内部的电压变化会产生微小的电场，辐射到脑组织、头骨和皮肤，并可以通过贴于头皮表面的电极接收，这就是脑电图记录。伴随着电场的磁场也会

辐射到整个头骨，科学家可以用灵敏的磁场探测器进行测量，从而产生脑磁图记录。脑电图和脑磁图均是测量神经元群的活动，需要激活数千个神经元才能检测到信号并形成图像。

脑电图

汉斯·伯格是首位在头皮测量脑电活动的人，他将（用作电极的）两大张锡纸置于儿子的头皮，并记录其脑电活动的规律模式，即头皮附近神经元每时每刻的电反应。

20 世纪 50 年代，医院开始例行使用脑电图检测由头部损伤、脑瘤、脑部感染、癫痫发作和睡眠障碍引起的脑功能异常，当然，医院使用的是小电极而不是锡纸。随着精细电极、功能更强大的计算机和导电凝胶等技术的出现，脑电图测量大脑活动的能力不断提高，研究人员现在可以以毫秒为单位记录整个头部的活动。目前，脑电图在世界范围内广泛应用于神经心理学研究和大脑功能异常的检测诊断。

在经典的脑电图实验中，研究人员会将 1~240 个电极粘于受试者的头皮上。电极由导电金属制成，如金或锡，并附着在头皮上的导电凝胶（盐溶液）涂层上，这

汉斯·伯格

汉斯·伯格出生于德国，在1897年获得博士学位后，他在奥斯卡·沃格特（Oscar Vogt）和科尔比尼安·布罗德曼（Korbinian Brodmann）所在的精神病院担任助理。沃格特和布罗德曼是脑研究的先驱，他们鼓励伯格加入大脑定位工作——通过功能来识别大脑区域。此外，伯格还受到了理查德·卡顿（Richard Caton）的影响，这位英国外科医生当时正在研究动物的神经冲动，并着手研究人类的脑电活动。1924年，伯格以儿子克劳斯（Klaus）为研究对象，首次对大脑进行了脑电图记录。

在之后的10年中，伯格从脑电图记录中获得了众多发现。他发现，一个人闭眼放松时，脑电波以每秒约10个周期振荡，他将此模式命名为α波；而当一个人睁眼进行智力活动时，α波会被速度更快的β波所取代。20世纪30年代，伯格发现α波会在睡眠、全身麻醉和可卡因刺激时减弱，并且α波频会在脑损伤患者身上降低，在癫痫患者身上增加。有了更灵敏的设备后，伯格记录了婴儿的脑电波，发现脑电波在婴儿约2个月大时出现，这与大脑神经元被髓磷脂（对神经活动至关重要的物质）包裹的时间相对应。因其杰出的工作成果，伯格被称为"脑电图之父"。

会最大限度地提高脑电活动的采集量。电极连接灵敏的放大器，记录每个电极发出的电脉冲，然后计算机将测量结果以头皮形状的彩色图像呈现于屏幕，图像中的不同颜色代表不同程度的脑电活动（即神经元电活动）。

事件相关电位

为了研究被特定心理刺激或感官刺激所激活的大脑区域，心理学家经常用脑电图来记录事件相关电位（ERPs）。脑电图是对脑电活动的恒定测量，而事件相关电位是在一定时间内发生的脑电反应，它与诸如音调、词语或图像（事件）等的特定刺激相对。这些脑电的变化可能与特定事件同时发生，或者之后即刻发生。

我们用一个简单的刺激，如单一的音调，来理解这一概念。如果你在音调发出后记录了大脑的活动，那么你可能已经记录了大脑所激发的事件相关电位，也就是

事件相关电位的经典实验

实验

事件相关电位的一个经典实验是研究大脑对不恰当刺激的反应。例如，你会认为句子"喝咖啡我喜欢加奶加……"应该以"糖"这个词结尾，而不恰当的版本会出现意想不到的词，如"水泥"，而不是可预见的"糖"。通过向受试者展示一系列句子——一些包含可预见的词，一些包含意想不到的词——并记录下事件相关电位，研究人员可以对比受试者听到恰当词语和不恰当词语时所产生的脑电活动。

20 世纪 80 年代，玛尔塔·库塔和史蒂文·希利亚德在加利福尼亚大学圣地亚哥分校（University of California in San Diego）进行了这个实验。他们发现，当受试者听到意想不到的词时，大脑会产生额外的活动，他们将这种与事件相关的大脑活动称为 N 400 波，因为它是在刺激出现 400 毫秒后（在大脑两侧）发生的负事件相关电位（negative ERP）。该实验表明，大脑拥有对意外刺激做出反应的系统，用来帮助人们对错误或引起注意的信号做出反应。

说，你可能已经记录了事件（音调）在大脑中诱发的电压波动。这种变化十分微小，所以为了看到可靠的效果，研究人员必须多次发出相同的刺激，记录平均反应或事件相关电位。

脑磁图

大脑活动产生的电流会引发微小的磁场，若受试者位于磁屏蔽的房间，那么使用灵敏探测器就可以测量这些磁场——这就是脑磁图技术。脑磁图技术伴随着超导量子干扰仪（SQUID）的研发才得以实现，该干扰仪为一种超灵

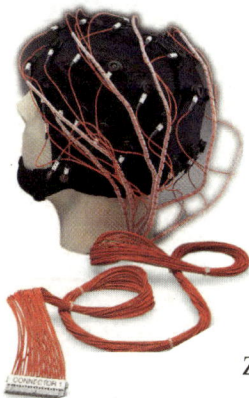

在脑电图扫描中，附着在头皮上的电极通过测量脑细胞中的电流来检测大脑活动。通过对一段时间内活动的持续测量，这些信息被转换成计算机屏幕上的可视图像。

敏的磁通探测器，由詹姆斯·齐默尔曼（James Zimmerman）在 20 世纪 60 年代末引入。1968 年，大卫·科恩首次成功测量了大脑的磁活动，证实通过磁场也可以检测到最初脑电图发现的自发脑活动 α 波，这种测量方法被称为脑磁图。在 1975 年所进行的首次脑磁图实验中，科学

脑磁图的经典实验

以研究受试者听到不和谐和弦时的大脑活动为例，受试者移除全部可能干扰磁场的金属物体，坐在或躺在脑磁图扫描仪中，研究人员将播放一系列和弦，同时用脑磁图扫描仪记录受试者大脑的磁场活动。和弦中有些是和谐的，有些则不是，与每种和弦相关的磁场此后将通过复杂的统计分析加以区分。

2001 年，伯克哈德·梅斯与同事在德国莱比锡的马克斯·普朗克认知神经科学研究所（the Max Planck Institute）进行了该实验。他们发现，当受试者听到不和谐的和弦时，左额叶皮层处理语言的区域（布洛卡区）和右额叶的对应区域会有额外的激活（负磁场）。如上一方框中的实验一样，这表明大脑在不断预测将要发生的事情，并寻找意外信息，如旋律中的不和谐和弦。

实验

关键日期

20 世纪 20 年代 汉斯·伯格通过研究儿子的头皮首次记录了脑电图。

1932 年 查尔斯·谢林顿（Charles Sherrington）通过对动物大脑的研究获得了诺贝尔医学奖。

20 世纪 50 年代 放射性物质被用来制作大脑图像，即正电子发射断层扫描。

1968 年 大卫·科恩通过脑磁图成功进行了首次大脑活动的磁测量。

20 世纪 80 年代至 90 年代 脑成像技术取得重大进展，科学家能够使用脑磁图和功能性磁共振成像进行大脑研究。

家向受试者提供视觉刺激，同时测量其头皮磁场。实验表明大脑后部有磁反应，而大脑后部也即视觉皮层所在的位置（先前通过研究动物及该区域受损的人类患者发现了该区域）。从那时起，脑磁图开始用于临床，用来表征各种伴随脑部疾病的磁异常，研究人脑的正常运作。

> 大脑面对健康和疾病时的表现可能是我们一生中最重要的课题。
>
> ——理查德·布罗德韦尔

脑电图 VS 脑磁图

脑电图和脑磁图有几处不同，最主要的是二者测量的神经元活动"方向"不同。

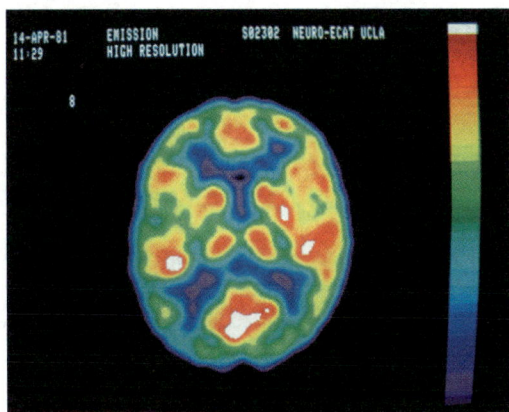

图为正电子发射断层扫描的彩色编码结果，即大脑的二维"切片"，它显示了血流量和位置。

大脑任何区域的神经元所产生的电场和磁场都有不同的辐射方向：电场向各个方向辐射，而同一活动产生的磁场的辐射方向与神经元成直角。这意味着脑磁图对有特定方向的神经元（如位于脑褶或脑沟的神经元）更加敏感，而对无特定方向的神经元（如位于大脑表面的神经元）则不太敏感。脑电图和脑磁图的另一个区别是它们测量的神经信号的强度不同，脑电活动在通过脑组织和头骨时减弱，而磁场则未减弱，因此，脑电图测得的信号略弱于脑磁图测得的信号。

脑电图和脑磁图都以毫秒为单位记录大脑活动，这是其他大脑成像工具无法比拟的，因此，据报道，很多涉及感觉和认知过程处理的发现既使用了脑电图也使用了脑磁图。然而，这两种方法都有其局限性。首先，脑电图和脑磁图的空间分辨率相对较低——它们测量的都是厘米范围内的脑组织活动；其次，它们难以准确定位大脑内部的电活动或磁活动的来源；最后，脑电图和脑磁图主要从皮层区域，即靠近大脑表面的区域测量活动，很难测量大脑深层结构中的神经元活动。

血流的测量

以上脑电图和脑磁图的局限性可以通过大脑血流测量技术来克服。神经元群激活时，需要更多血流来补充氧气和葡萄糖，为其供能。正常的能量供应对大脑运作至关重要——事实上，大脑会消耗身体产生能量的五分之一。19 世纪 80 年代，英国生理学家查尔斯·谢林顿爵士首次提出大脑新陈代谢与局部血流量增加的联系，他也因此于 1932 年被授予诺贝尔生理学或医学奖。测量血流的脑成像技术主要有正电子发射断层扫描（PET）、单光子发射断层扫描（SPECT）和功能性磁共振成像（fMRI），三种技术的基本原理均是神经元活动与葡萄糖和氧代谢的紧密耦合。

正电子发射断层扫描

正电子发射断层扫描技术可追溯到 20 世纪 50 年代早期，当时哈佛大学的研究人员发现有可能成像放射性物质。正电子发射断层扫描通过追踪注射到受试者血液中的放射性标记化学物质（称为"示踪剂"）来测量体内血流量和位置。这些示踪剂会发射正电子（带正电荷的微小粒子），受试者头部附近的辐射探测摄像头会对其进行跟踪定位。

> 大脑迅速变成一台被施了魔法的织布机，数百万个闪烁的梭子编织出消融的图案，这是一个有意义但却从不持久的图案。
>
> ——查尔斯·谢林顿爵士

正电子发射断层扫描研究通常会将针插入受试者的手臂静脉，然后将针头与滴漏式装置相连，将放射性示踪剂引入受试者的血液中。通过引入不同的示踪剂，可以显示血流、氧气和葡萄糖代谢，或脑组织中药物或神经递质（大脑自然产生的化学物质）的位置和浓度，高性能计算机会根据扫描数据生成血液流向的彩色图像，研究人员可以用这些图像来研究不同实验任务和条件下的大脑活动。受试者头部附近的辐射探测摄像头能够产生三维图像，但研究人员经常将激活区域显示为二维"切片"，这样可以精确地看到大脑的激活部位。

正电子发射断层扫描在医院被广泛用于对大脑血流异常的检测，异常情况可能出现在癫痫、脑瘤、阿尔茨海默病和中风后；它同时也被用于检测身体其他器官的肿瘤；心理学家还会使用该技术评估人脑功能。

单光子发射断层扫描

单光子发射断层扫描是一种与正电子发射断层扫描类似的成像技术。和正电子发射断层扫描一样，它使用放射性示踪剂和扫描仪来记录数据，然后由计算机构建大脑活动区域的三维图像。然而，与正电子发射断层扫描相比，单光子发射断层扫描的示踪剂所能监测的活动种类更有限，功能也更弱，这意味着它需要更长的试验和复验周期，但单光子发射断层扫描的优势在于它对医疗人员和技术人员的需求量小，且费用更低。

磁共振成像

磁共振成像（MRI）无须使用放射性示踪剂，而是利用巨大磁场所产生的高质量的三维大脑结构图像。目前，研究人员会使用巨型圆柱磁铁在受试者头部周围形成

计算机断层扫描

计算机断层扫描（也称为 CT 扫描）是另一种将 X 射线与计算机相结合的诊断技术。它能够生成大脑或身体的静态断面图像，揭示大脑或身体的结构，而非功能。术语"断层扫描"（tomography）来自希腊单词"tomos"和"graphia"，分别意为"切片"和"描述"。

这项技术在 1972 年由英国工程师戈弗雷·洪斯菲尔德（Godfrey Hounsfield）和南非物理学家艾伦·科马克（Allan Cormack）各自独立发明，最初用于大脑成像。扫描时，患者要穿过甜甜圈形状的扫描仪，内部有 X 射线管和旋转探测器，叶片快门将 X 射线聚焦在 1～10 毫米厚的组织上，在每一次 360 度的旋转中，探测器会拍摄大量 X 射线束的剖面图或快照（通常约 1 000 张），然后由计算机生成二维图像。

CT 扫描可以生成身体软组织的详细图像，操作人员可以通过操纵机器提供特定区域的最佳视图，也可以通过组合二维断层来创建三维图像。CT 扫描产生的图像与磁共振相似，但正常组织与异常组织之间及大脑白质与灰质之间的对比较少。

磁场，然后通过磁场发送无线电波。大脑不同的结构和组织，如白质、灰质、脑脊液和颅骨，具有不同的磁性，所以它们的组成粒子通过无线电波在磁共振成像上的表现各异。计算机会根据这些信息生成图像。一次磁共振扫描会生成多张大脑的静态二维"切片"，计算机将切片放在一起，便能产生完整的三维图像，展示大脑表层和深层结构的详细解剖影像。磁共振扫描在医院常被用于检查脑结构的微小变化，以及检测中风、出血和脑瘤。

磁共振扫描与正电子发射断层扫描不同，

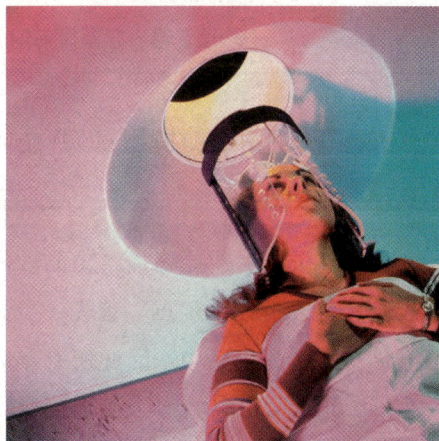

图中这位女士正通过正电子发射断层扫描来测量大脑中的血液流动，生成的数据会转换成彩色图像，显示大脑激活区域。

后者显示一段时间内的活动模式，而前者显示的是多张静态图像。然而，在 20 世纪 80 年代和 90 年代，科学家开发了新技术，即通过磁共振成像运作中的大脑，该技术被称为功能性磁共振成像。神经元变得活跃时，需要供应含氧血液，而功能性磁共振成像扫描仪由于具有磁性，可以检测到氧气。因此，就像正电子发射断层扫描测量流向大脑特定区域的血流量一样，功能性磁共振成像测量的是流向大脑特定区域的含氧血流量。当人们执行任务或受到感官刺激时，扫描仪采集的信息会生成一部脑活动的"电影"。

> 神经科学的新进展将使我们更深入地理解脑功能及治疗脑疾病更有效的方法。
>
> ——理查德·布罗德韦尔

正电子发射断层扫描与功能性磁共振成像的比较

对比正电子发射断层扫描，功能性磁共振成像具有以下几个优点。首先，受试者不会暴露在电离辐射中，因此所有年龄的人（包括儿童）可以在多个场合接受功能性磁共振扫描，且无任何副作用。其次，功能性磁共振成像比正电子发射断层扫描的时间分辨率（测量的时间间隔）更高。

正电子发射断层扫描通常需要 40 秒或更久的时间才能成像大脑活动，而功能性磁共振成像则每秒都能生成图像。因此，功能性磁共振成像能更精确地告诉我们大脑区域何时变得活跃，以及活跃所持续的时间，在几秒钟内便能评估血流和大脑功能。最后，功能性磁共振成像的空间分辨率更高，能产生高质量图像，并且能够分辨出间距小于 1 毫米的结构，而最新的正电子发射断层扫描仪只能分辨出间距小于 5 毫米的结构图像。

功能性磁共振成像也有一些缺点。它的噪声极大，受试者必须戴上耳塞；而且它比正电子发射断层扫描仪更为封闭，这对幽闭恐惧症患者而言可能是个问题；此外，即使是微小的头部运动也会污染功能性磁共振的成像，扰乱扫描仪的磁场，这

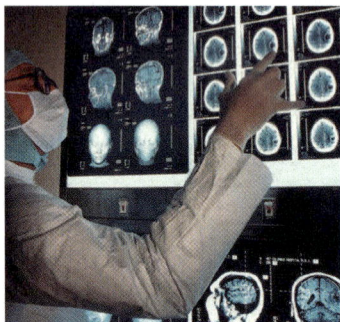

图中医生正在检查患者脑部的磁共振成像，大脑清晰可见，并可从不同角度进行观察。磁共振扫描可以非常精确地显示大脑结构。

使正电子发射断层扫描更适合对大幅度动作或口语的研究；正电子发射断层扫描还可以识别哪些大脑受体被神经递质、药物和潜在的处理药剂激活，这是功能性磁共振成像做不到的。

多模态脑成像

每种脑成像技术都有自己的优势，都能够提供大脑结构和功能的不同信息。与正电子发射断层扫描和功能性磁共振成像相比，脑电图具有速度优势，它可以记录刺激出现后几分之一秒内发生的复杂神经元活动。不过，脑电图的时间分辨率虽然很高，但它的空间分辨率较低（可测量区域较小），这也是其最大的缺点。因此，研究人员开始将脑电图和功能性磁共振成像的优点结合起来，以便更准确地定位脑活动发生的位置。

功能性磁共振成像经典实验

实验

你可以在右图上看到一位年轻女子或一位老妇人，但很少会同时看到两者，那么问题在于究竟是大脑的哪个区域在负责两个图像之间的切换呢？

心理学家想通过功能性磁共振成像来检测大脑的哪个区域能够诠释这样的双歧图。在确保摘掉身上所有金属物体并戴上耳塞（十分必要，出于安全考虑）后，受试者会躺入扫描仪，研究人员将向其展示几张双歧图，期间扫描仪持续扫描大脑。受试者切换双歧图图像时会按下按键。通过分析按键时间，研究人员可以得知按下按键的那一刻含氧血液流向受试者大脑的位置。

20世纪90年代末，安德烈亚斯·克兰因施密特（Andreas Kleinschmidt）及其同事进行了这项实验。他们发现，在从一幅图像到另一幅图像的感知切换中，处理高级视觉场景（如整个物体，与处理如颜色、形状或运动等单一方面的低级视觉场景相对）的视觉皮层区域被短暂激活。

因为高级视觉场景，如整个物体（与处理如颜色、形状或运动等单一方面的低级视觉场景相对）。

第十三章　认知心理学

认知是……知识的获取、组织与使用。

——乌尔里克·奈瑟尔（Ulric Neiseer）

随着研究人员将大脑类比成信息处理设备，并基于此发展了一系列理论，认知心理学于 20 世纪 50 年代末应运而生。研究人员认为，感官接收到的刺激会转化为大脑可解释、存储并执行的某种内部表征。有时，认知心理学的定义会扩大至对计算机如何工作的研究，心理学家将其与大脑功能模型进行比较。

认知心理学与对大脑和神经系统的生理学研究，以及计算机人工智能研究密切相关，实验认知心理学、生理心理学和人工智能研究有时都属于认知科学范畴。

认知心理学家将思维分为不同的过程，如注意、感知、记忆储存、记忆唤起、决策和问题解决。这些过程经常相互作用，难以界定之间的界限。例如，感知需要唤起对被感知物的记忆，问题解决也依赖于对问题的感知和对过去的解决方案的记忆。

英文单词"cognitive"（认知的）和"cognition"（认知）来自拉丁语"co"（强化）和"gnoscere"（所知）。对思维和认知的研究可以追溯到心理学的开端，当时古希腊哲学家试图解释思维过程。柏拉图提出了与记忆相关的理论，认为记忆就像在蜡片上

要点

- 认知心理学家研究思维的过程，包括感知、记忆、问题解决、决策和语言使用。

- 现代认知心理学产生的部分原因是科学家注意到人脑和计算机处理信息的方式有相似之处。

- 认知革命部分程度上引起了对行为主义的反对，行为主义者坚持认为无法以科学的方式研究不可观察的思维过程。

- 然而，认知心理学实验仍在测量可见行为，通过对执行简单任务的受试者进行检测来揭示思维过程。

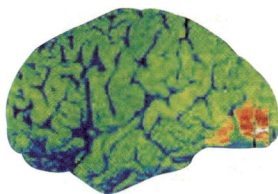

左图：视觉刺激大脑后部枕叶皮质时的脑活动。

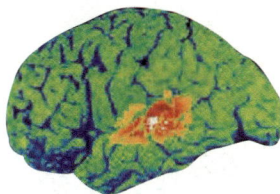

左图：听觉刺激颞叶皮层听觉区域时的脑活动。

面朝左侧的大脑皮层单侧的 PET 扫描

左图：讲话会激活脑岛和运动皮层的语言中心。

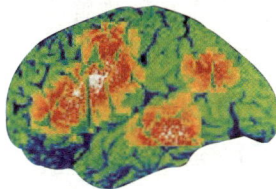

左图：思考并讲出动词会激活语言、听觉、颞叶和顶叶区域。

写字（蜡片假说），尽管他并不知道大脑是如何存储记忆的。

> 行为主义发展的高潮期，实验心理学关注的是相对简单的认知表现……对老鼠和鸽子智力的关注与对人类智力的关注等量齐观。
>
> —— 西蒙与卡普兰（H. Simon & C. Kaplan）

现代心理学始于 19 世纪末，当时的哲学家开始仔细分析自身的思维过程。威廉·冯特以内省的方式对思想和意识经验进行了系统实验，标志着心理学学科的形成。20 世纪 20 年代早期，行为主义者拒绝使用内省方法，认为研究人员只应处理可直接观察和测量的刺激、反应或行为。他们认为，"思维"是无法观察或测量的，人类和动物的所有行为都是由大量简单的条件反射建立起来。行为主义创始人约翰·B.华生认为，语言思维只反映了发声器官的生理活动，而图像和声音则反映了躯体活动。

认知革命

尽管这些观点不乏反对的声音，但直至 20 世纪 50 年代末，行为主义仍然主导着心理学，这种情况到 20 世纪 60 年代早期才慢慢有所转变，并形成了一些人所谓的认知革命。

回归认知的第一个影响因素是格式塔心理学学派的兴起。格式塔心理学家通过实验证明，在一些感知模式和结构中，整体优于部分之和，这似乎与行为主义所认为的感知只是条件反射的集合的观点相悖。

另一个影响因素是始于第二次世界大战期间的神经外科发现。第二次世界大战期间许多人头部受伤，导致大脑部分受损，医生发现，大脑特定部位受损会导致特定能力的丧失。例如，额叶皮层损伤可能会导致语言能力的丧失，但不会影响理解能力；颞叶损伤可能会导致长期记忆的丧失。这些研究和其他相似的研究均表明思维过程在大脑的不同部位进行，这让人类行为全部由条件反射建立的观点变得更为可疑。

第二次世界大战期间的另一发展是数字计算机的出现。一些研究人员认为，如果能以计算机工作的模式为思维过程建模，或许有助于理解思维是如何工作的。

科学史学家认为两件事情引发了认知革命。第一件是1948年召开的关于神经系统工作原理的会议，在该会议上，行为主义心理学家卡尔·拉什利认为行为主义无法充分解释很多心理现象。

拉什利主要以语言为例，他认为一个人开始说话时必须要有意图性，并对要讲的内容有整体计划，如把"野蜂飞舞"口误讲成"野蜂飞枯"，表明说话人在说出这句话之前，大脑就已经把整句话想好了。行为主义关于"一个词是下一个词的暗示"的观点无法解释这种现象。之后，拉什利制订计划，做了很多被行为主义者所忽略，

关键日期

1948 年 研究神经系统工作原理的会议为卡尔·拉什利（Karl S.Lashley）和约翰·冯·诺伊曼（John von Neumann）的理论提供了交流平台。

1948 年 诺伯特·韦纳所著的《控制论》出版。

1956 年 信息理论会议在麻省理工学院举行，诺姆·乔姆斯基展示其论文《语言的三种模型》。

1957 年 赫伯特·西蒙和艾伦·纽厄尔发明一般问题解决器（智能计算机）。

20 世纪 80 年代 大卫·鲁梅哈特和詹姆斯·麦克勒兰德发明认知并行分布式处理模型。

1982 年 大卫·马尔所著的《视觉》出版，书中涵盖了约翰·安德森的观点。

1983 年 杰瑞·福多所著的《心理模块性》出版。

但心理学家应进行的现象研究。

数学家约翰·冯·诺伊曼在同一会议上提出，计算机和大脑处理信息的方式具有相似之处，他认为大脑和计算机的运作都基于环境所接收到的数据，并根据内部规则进行处理。

引发认知革命的第二件事是 1956 年在麻省理工学院举行的信息理论会议。会上，人们发现了多处人脑和计算机之间的相似之处。也是在这次会议上，语言学家诺姆·乔姆斯基陈述了他的论文"语言的三种模型"，描述了一种语法途径，呈现了语言与数学在许多方面相同的结构。

行为主义与认知

思维研究的回归并不意味着心理学家

人物传记

诺伯特·韦纳与《控制论》

第二次世界大战期间，麻省理工学院的数学教授诺伯特·韦纳致力于研究武器控制与瞄准的机制。这些系统大多使用反馈，即系统会尝试瞄准特定目标，然后接收离目标远近的信息，最后基于这些信息重新进行瞄准。

韦纳逐渐意识到人类也会使用反馈系统。例如，当你要伸手去拿铅笔时，眼睛会提供铅笔的位置信息，大脑和神经系统会向手臂和手发送命令向指定位置移动；当手伸向铅笔时，眼睛会不断传回反馈信息，使神经系统做出更细微的调整，直至锁定目标。韦纳创立了一门新的科学来研究人与机器的命令和控制过程，他称之为"控制论"。该词来自希腊语"舵手"。他在 1948 年出版了极具影响力的书籍《控制论》来阐述自己的观点。这些观点虽不是认知科学的核心，但其在该领域的早期工作让人们意识到人类思维与计算机的相似之处，并促成了心理学家与工程师的协作。韦纳提出的思维通过反馈进而控制行为的观点，同样反驳了行为主义简单的"刺激—反应"理论。

该照片拍摄于 1958 年前后，诺伯特·韦纳博士在麻省理工学院讲课。韦纳三岁就能读写，18 岁便获得了哈佛大学的博士学位。

完全不接受行为主义。尽管内省的用处有限，但认知心理学家也找到了进行严格客观实验的方法来测量可见行为，同时也揭示了思维的内在运作。他们也保留了行为主义者所坚持的观点，即所有思想都产生于思维和神经系统中的物理机制，并认为没有必要假设一种与身体相互分离的神秘的"思维"。

实验

"自上而下"与"自下而上"

在确认所看到的事物或所听到的声音时，大脑只是简单地处理所输入的信息直至发现意义，还是会强加上大脑在早期处理过程中所获得的经验呢？

- 心理学家通常将感知分为两种处理模式——"自上而下"和"自下而上"。
- 自下而上模式由传入的刺激驱动，刺激经处理后输入意识，无任何附加意义；自上而下模式从一开始就具有更高级的意识，例如，我们用记忆识别感知到的事物。
- 纯粹的自下而上模式存在与否，心理学家仍有争论，但可以肯定的是，该模式存在于低等动物中。例如，青蛙的许多视觉处理都发生在视网膜上，苍蝇或其他小物体的影像都会自动触发青蛙伸舌攻击。

自上而下处理模式的实验

实验显示，环境影响人们感知的事物，这证实了自上而下的处理模式。因此，人们会看到或听到被感知事物周围的其他事物，并依据经验确定意义。

在一项实验中，受试者会听到以下内容之一：

鞋匠说 * 鞋 * 跟还在鞋上；
厨师说橘子还没有剥 * 皮 *；
放映员说 * 胶 * 卷还在放映机上；
修理工说 * 轮 * 胎还在车上。

每个句子星号间的文字在录音中会被咳声代替。研究人员发现，大多数受试者没有汇报信息的丢失，相反，根据听到的句子，他们报告说自己听到的单词是鞋跟、剥皮、胶卷和轮胎。

THEY CHME

部分变形的字母出现在不同的单词中时，人们会将其看成不同的字母。

> 发生在双耳之间的转换，是解释刺激与反应之间规律所需的缺失环节。
>
> ——欧文·弗拉纳根（Owen Flanagan）

虽然行为主义者不接受心理意象的全部观点，但认知心理学家提出，思维始于想法或知觉心理表征的创造，后者是对思维进行进一步处理的基础。他们假设大脑像计算机一样将每个过程分解成一系列步骤，而通过研究他们则试图找出这些步骤是什么。有时，他们会通过绘制流程图来阐释理论。例如，在行为学家所观察到的刺激和反应之间，认知心理学家可能会看到如下流程：

知觉→注意→记忆检索→决策→记忆储存→行动

一位认知心理学家认为，学生可能会先看桌面，感知到书本的存在，再将注意力集中在书上，检索与书及《心理学史》有关的记忆，并识别到《心理学史》为当天课程的教科书，然后唤起今天要交作业的记忆。接下来，学生翻开书开始学习，同时将书本的位置储存在记忆中，以便之后将书放回原处。当然，实际的过程通常并不是这样的一条直线，感知通常需要从记忆中检索信息，注意力可能也会受到决策结果的影响。

知觉与注意力

知觉是指人们解释其感官所汇报的刺激的过程。阅读此书时，你的眼睛会汇报所看到的纸张，但你的大脑会将单词分隔，并赋予它们意义。心理学家对视知觉（visual perception）的研究最多，或许因为视知觉易于理解和证实，不过同样的规律似乎也适用于听觉、触觉、嗅觉和味觉。

视知觉并不简单，计算机科学家尝试制造有视觉能力的机器人时便发现了这一点。大脑生理学研究表明，识别垂直线和水平线、识别角落和检测运动等需要使用大脑的不同区域，因此，一些心理学家认为，很可能大量的处理过程是在意识知觉之下进行的。例如，大脑中处理眼部信息区域受损的人会完全失明，但仍能避开其意识不到的障碍：这种现象称为"盲视"。在实验中，人们即使很难意识到一些非常微弱或快速的视觉刺激，但仍可以利用这些"看不到"的刺激。例如，在一次实验中，研究人员向受试者展示短暂闪现的图像，受试者虽无法讲出所看到的内容，但当要求受试者猜测他们所看到的图像的颜色时，与随机猜测相比，更多的受试者说出了正确答案，这表明视觉可能不只具有处理光信息的能力。

驾驶车辆需要大量的心理处理，因为驾驶员要操作车辆，并处理无数的道路与交通信息。随着驾驶经验的增加，更多的心理处理会在无意识下进行。

当看到一本书时，人们是如何辨别它是书的呢？一种解释可能是，人们在记忆中储存了所见过的全部事物的图像，然后将新图像与数据库中的信息进行比较，直至找到匹配的图像，但这可能需要比人类大脑更大的记忆容量。

一种普遍的认知理论认为，人们会储存对"书"的一种总体概念，心理学家称之为"图式"（schema），该观点类似于古哲学思想"柏拉图型相"。人们可以通过某物体的简笔画认出该物体也证实了该理论。例如，一个圆、两个点和一条弧线经过合理组合就足以表示一张脸庞。

另有理论认为，人们储存的不是图像本身，而是一系列特征。例如，鉴别一本书的标准是矩形、书脊带有印刷等。该理论很好地解释了为什么人们能够认出大小及字体不同的字母，甚至能认出四岁孩子用蜡笔涂鸦出来的字母。

注意力常被认为是知觉的一部分，但有机体是如何在即时环境中更专注于某个景象、声音或想法的呢？在实验室的实验中，人们佩戴耳机，双耳分别听到不同的对话，他们很容易专注于其中一段对话并能对其详细描述，但会忽略另一段对话。有一种理论认为，在信息处理过程中，心理活动能够处理的信息量是有限的，因此大脑的部分区域减缓了处理过程，让我们一次只专注于一件事。

记忆

在大脑中添加新的信息或经历、存储信息并在需要时进行检索，这些都是记忆的各个方面，但认知研究主要是去确定记忆是如何存储的。证据表明，至少有三种记忆存储类型：第一种是缓存，储存来自感觉器官的相对未处理的视觉和听觉数据；第二种是工作记忆或短期记忆，可以将有限的信息储存几秒钟时间；第三种是长期记忆，几乎将记忆永久储存。

当你结识新人时，你就能够理解工作记忆与长期记忆的区别了。例如，初见时，对方说，"嗨，我是玛丽·琼斯"，接着你也介绍自己的名字，并开始对话。几秒钟后，你可能已经记不起刚刚听到的名字，因为它储存在你的工作记忆中，被当前的对话内容所取代，但是你仍会记得见过玛丽和关于她的一些事情，因为这些信息成了你的长期记忆。

一些心理学家认为，关注与演练可将信息从工作记忆转移到长期记忆，所以如果你没有马上告诉玛丽你自己的名字，而是数次重复她的名字，下意识地把她的名字与她的话语联系起来，那么你就更可能记住她的名字。一些研究人员认为，将新信息与之前存储的信息联系起来是长期记忆的关键，而也有研究人员认为长期记忆和工作记忆是同时发生的。

> 认知心理学令人头痛的特点之一是它的范围巨大……有大量已发表的研究……以及大部分研究具有碎片性和无组织性。认知心理学常常就像《爱丽丝梦游仙境》中的兔子，同时向四面八方跑去。
>
> ——迈克尔·艾森克（Michael Eysenck）

认知心理学家常在实验室中做实验来验证这些理论，方式是让受试者在不同条件下记住一系列单词。在一项实验中，他们向受试者展示了一个简短的单词列表，要求他们倒数几秒钟后回忆表中的单词。当受试者不倒数时，他们回忆起的单词表开头和结尾的词比中间的词多；而倒数后，他们会忘记单词表末尾的词，但不会忘记开头的词，这表明列表末尾的词存在于工作记忆中，而最开头的词已经转入了长期记忆。

当信息存储于长期记忆中后，我们如何进行检索呢？根据识别信息或回忆信息的任务不同，检索会涉及不同的过程。例如，如果要识别信息，那么当你在列表中看到玛丽的名字时，你会意识到你见过叫玛丽的人；回忆信息则需要你在没有任何提示的情况下记住她的名字。识别信息时，你可能会从记忆库中搜索出现的刺激，然后检索一同存储的信息；回忆信息时，你可能会想出几个候选词，然后依次测试是否符合定义。

实验表明，人们一次只能想出有限数量的词语，这意味着他们在检索词汇时，可能不会依次搜索他们所知道的数千个单词。在一项实验中，研究人员给出定义

"航海家用来测量天体与地平线之间角度的仪器"，人们搜索该定义所描述的词汇时，能够立即将范围限制在与导航、星星、太阳以及航海相关的词汇上（希望他们能想到"六分仪"这个词）。研究人员发现，想不起"六分仪"的受试者在得到首字母提示后就会想起这个单词，这缩小了选词的范围。

候选词的生成也会受干扰词的影响，当给出的变位词（相同字母异序词）与另一个熟悉的单词相似时，受试者会更难找出变位词。例如，如果答案是"orchestra"（管弦乐队），研究表明，检索"carthorse"（拖货车的马）要比检索"sceahtrro"花费更长的时间，这是因为人们的注意力会被"carthorse"转移，而无意义的单词"sceahtrro"则不会分散注意力。

语言

认知心理学家也试图理解人们产生和理解语言的机制。一般理论认为，语言产生的步骤为：首先，说话者组织所要表达的概念；其次，在脑海中构思相应的语法结构；最后，把单词加入语法结构。理解语言的过程也被认为遵循类似的步骤。关于步骤的数量与复杂度具有不同的理论，但实验表明，说话者的确会提前对语言进行规划。

说话者的一些口误也能证明这一点，如把靠近句尾的词移到稍前的位置，讲出"我真的喜欢这个词的歌"。通过让受试者看简短的句子，并测量其回答与句子相关的简单问题所花费的时间，心理学家对语言产生和理解的方式有了许多了解。与知觉一样，他们发现语境在说话与理解中起着至关重要的作用。

问题与决策

目前所讨论的所有不同过程——知觉、记忆和语言——在解决问题、做出决策时会同时出现，这些过程就是人们所谓的思维的一部分。行为主义者认为，解决问题只是一个试错过程，在这个过程中，成功的解决方案得以巩固和保留。格式塔心理学家持相反立场，认为当问题解决者理解了整个问题时，就会在一瞬间"顿悟"解决方案。认知心理学家的研究则集中在阻碍问题解决的因素上。

在经典的实验中，认知研究人员呈现给受试者简单的逻辑陈述，并让其得出结论。在理想逻辑下会有一个特定结论，但受试者并不总会得出那个结论，而是会被不相关的信息分散注意力。例如，研究人员给出逻辑陈述：一位身着红色连衣裙的女士在时速 60 英里（约 97 千米）的火车上读一篇 20 页长的故事；1 小时后，她在火车停站时将故事读完，问火车走了多远？在这个问题中，女人的外表和行为细节与问题无关，关键的是火车的速度和旅程的时长。

研究人员还研究了出色的问题解决者不同于他人之处。例如，国际象棋的胜负关键在于观察棋位，然后考虑可能的走法和结果。研究发现，国际象棋大师考虑的走法比天赋相对差的棋手要少，但是他们考虑的都是好的走法，其优异的表现是源于对棋局的大量记忆和归整记忆的有效系统。

因此，问题解决和决策制定与回忆的机制相似，即生成问题的可能解决方案或决策的可能结果，然后与预期进行比较。根据这个模式，计算机科学家成功创建了受规则支配的能够解决有限类型问题的程序。

历史上，认知心理学家常认为思维过程是单次发生的，大脑对任何问题都采用相同的学习机制。然而，20 世纪 80 年代以来，人工智能（AI）、进化心理学和脑成

思维的检测

我们无法看到大脑中正在发生什么，但认知心理学家已经设计出检测大脑看不见摸不着的功能的方法。许多信息处理理论指出，很多心理任务由一系列独立的操作或"模块"组成。一种检测方法是要求受试者执行一项简单任务，然后添加一些内容到该任务中，如果受试者仍在相同时间内完成，则代表无须额外的处理步骤；如果用时更长，则代表需要额外的处理步骤。

在一个例子中，受试者会看到句子如"星号在正号上方"或"星号不在正号上方"，后面会附有一张图片，如：

受试者要陈述句了的真假。这项任务包含至少四个步骤：确定句意，感知与评估图片，比较两个结果，并生成答复。在变体实验中，研究人员得出结论，面对如"星号不在正号上方"这样的否定句需要额外的步骤，因为它需要更长的处理时间（以微秒为单位）。

诸如此类的实验后来受到了批评，因为优先使用视觉思维方式与使用语言思维方式的人执行任务的方式不同。

像技术等领域的发展都使这些假设受到了挑战。

计算机模拟

20 世纪 50 年代末至 80 年代初，多数心理学理论都建立于观点"大脑的工作方式类似于数字计算机，即处理符号"的基础上。要理解该工作方式，我们就必须理解符号的概念。符号具有象征性，例如，曲线路标象征着接近弯道；同样，罗马数字"Ⅲ"和阿拉伯数字"3"象征着 1 加 1 加 1 的和，或文字"三"。

计算机处理的符号是二进制数字（1 和 0），更准确地说是二进制数字的电路模式。这些二进制数字可以表示数字（如 1 加 1 表示 2），也可以表示其他内容。打字时，我们主要使用字母、数字和标点符号，但在计算机程序中，它们都被重新用二进制进行编码。根据编程的方式，计算机会应用一个二进制规则来将输入内容转换为二进制模式，该过程也

该路标是一个符号，代表某项事物。驾驶者要学会识别诸如此类的标志，也应知道该路标象征着禁止左转弯。

可能会应用另一种规则，将输入内容转变为另一种二进制模式，依此类推。重点是，不同的规则不可同时应用，只能依次应用一个规则。计算机完成符号转换后，会将它们从二进制模式转回原始输入语言，我们便能接收到输出内容。

经典认知模型

多数早期的认知理论被称为经典认知理论，它们假设人类思维都以类似的方式运作。这些理论认为，来自环境的刺激在被解释和处理前，必须先按序转化为符号式的心理表征。1980 年，数学家艾伦·纽厄尔提出，只有能够处理符号的设备才有智能行为。该想法颇具争议，因为它暗示计算机可以像人一样有智能行为。一般问题解决器（GPS）是计算机程序表现出智能行为的一个例子，它由纽厄尔和同事赫伯特·西蒙、J.C. 肖于 1957 年开发。一般问题解决器能够解决汉诺塔问题和其他可用符号形式表示的逻辑难题。

它并没有被编入问题的解决方法，而是编入了按通用规则编写的程序，根据这些规则，较大任务被分解成多个较小任务来解决，通过创建必须达成的子目标（中间目标）来实现主目标。尽管一般问题解决器最终被证明能力有限，但这是一系列操作如何作用于表征来得到实际响应的典型案例——对问题解决者的研究表明，人类也是这样做的。

近期认知模型

较新的一种方法是创建多事件同时发生的认知模型，其灵感源于目前为我们所知的人类大脑结构。生理学家的研究表明，大脑由数百万个相互作用的神经元（传导神经冲动的细胞）组成，脑活动通过电化学信号从一个神经元传递到另一个神经元来进行，在任何时候都有大量神经元发送信号。

第一次以大脑为灵感创建的认知模型并没有成功，但自20世纪80年代初以来，该领域取得了重大进展，特别是大卫·鲁梅哈特、詹姆斯·麦克勒兰德及其同事创建了并行分布处理（PDP）模型，该模型也被称为联结主义模型。正如大脑是由相互连接的神经元网络组成的一样，并行分布处理模型也由相互连接的类神经元网络组成；正如神经元会互发信息一样，并行分布处理单元之间的连接也能够被激活。信息并非存储于单元本身，而是在单元之间的连接模式中。正如我们越频繁地思考某件事，就越可能记住它一样，这些连接也会有不同的强度，激活次数越多，强度就会越强。

并行分布处理模型的优点是，只要可用数据足以激活网络中的连接，就能够对不完善的信息作出响应。例如，在阅读摇滚书籍时，你看到一个被墨迹覆盖的模糊名字"El-isPres-ey"，根据并行分布处理理论，可能构成名字的字母会激活许多不同的连接，这些被激活的模式中有一些是无意义的，激活会逐渐消失，但合理的连接模式会包含丢失的字母，让你认出名字是"Elvis Presley"（埃维斯·普雷斯利，美国著名摇滚明星）。

不幸的是，在人们构建新的连接模式来表征难忘事件的展现方式上，并行分布处理模型不太成功。此外，尽管可以执行一些感知任务（如识别单词），但并行分布处理模型依然无法处理通用问题计算机模型擅长的问题解决任务。因此，一些心理学家认为，要全面理解认知，经典认知模型和并行分布处理模型都是我们所需要的。

汉诺塔问题

法国数学家爱德华·卢卡斯（Edouard Lucas）于1833年设计了汉诺塔。他的灵感源自一个传说：几个印度祭司得到了一叠金盘，共有64个，每个金盘都比下面的小一些，他要挑战把这些金盘一个一个地从三根杆子中的一根转移到另一根，而且要保证任意一个金盘都比下方的小。据说任务完成时神庙就会化为灰烬，世界也会毁灭。

那么祭司需要转移多少次金盘呢？

要移动整个塔，祭司需要进行 $2^{64}-1$（18 446 744 073 709 551 615）次单盘转移！因此，他们若是夜以继日地工作，每秒移一个盘子，那么也需要5 800多亿年才能完成。

名为"一般问题解决器"的计算机程序在被编入一些通用规则之后，就具备了解决汉诺塔问题的逻辑。

需要几次转移才能将木块从三根杆子中的一根移到另一根呢？

图中的单点是没有意义的，但将点相互连接时，就会形成可识别的图案，这就是麦克勒兰德和鲁梅哈特的认知模型——认知并行分布式处理模型（PDP）的基础。

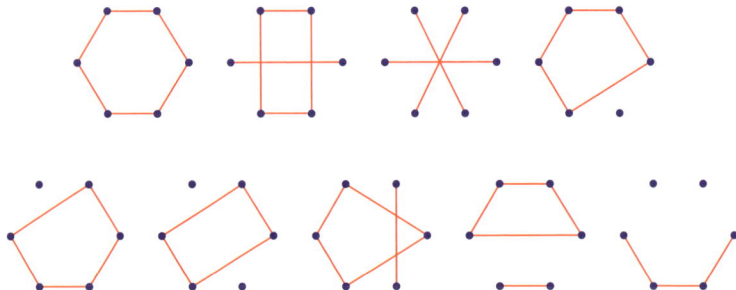

大脑是如何运作的

心理学家关注的另一个问题是：无论内容是以口头、图画、音乐或其他方式呈现，学习、记忆和感知都以相同的方式运作吗？换句话说，大脑究竟是由能够应用于日常生活所面临的全部不同任务的一些基本机制组成，还是说需要高度专门化的认知机制来处理这些任务呢？"领域泛化"

两个物体的旋转角度越大，人们判断左右物体形状是否相同所需的时间就越长，这代表人们要在脑海中旋转图像，而不是通过抽象知识来匹配形状相同的物体。

理论认为需要一些基本机制，而"特定领域"模型则认为需要许多专门机制。

也就是说，一些理论家认为，大脑中的全部信息都是以类似于计算机的抽象代码来表征的；另一些理论家则认为，抽象词汇如"正义"或"和平"需要专门表征，物体、声音、气味等也需要不同的表征。

为了说明这一区别，请看 159 页所示的三对物体，并思考左边的物体与右边的哪一个物体相同。若这些形状在大脑中是以抽象代码表征，那么回答这个问题所需的时间应与左右物体的旋转角度无关。而实际研究表明，物体的旋转角度越大，人们得出答案的时间就越长，这说明这些形状在大脑中是以图像表征，人们在脑海中对其进行旋转，来判断左右形状是否相同。因为保留了事物的感知特征（颜色、形状、大小等），这种表征被称为模拟表征（物理可量化）。有关声音、气味和其他感官刺激的信息也可以以模拟表征的形式存储。

进化论

1983 年，杰瑞·福多出版了颇具影响力的著作《心理的模块性》。他在书中提出，思维由各种各样的信息处理设备或模块构成，并认为这些模块在很大程度上是相互独立的，专门用于处理语言、视觉、音乐或其他内容。同年，霍华德·加德纳撰写了书籍《智能的结构：多元智能理论》。之前的多数理论认为，智能是由少数能力相互作用而产生的，而加德纳提出，智能分为八种，每一种都与不同的认知模块相关联。

在有关模块化的全部观点中，最极端的要属丽达·科斯米德斯和约翰·图比（John Tooby）在 20 世纪 90 年代初提出的观点。他们认为，人类思维的进化是为解决反复出现于每一代的威胁生存与繁殖的问题；他们还认为，比起计算机，大脑更像瑞士军刀，瑞士军刀有用于不同物体的刀片，大脑也进化出不同模块来解决不同的适应性问题。

社会交换

科斯米德斯和图比提到的一个问题是社会交换。人类的合作十分普遍，自游猎时代以来，它就被认为是社会的一个特征，因此我们有理由认为，合作行为对生存十分重要，并会反映在思维组织中。为研究是否有证据表明社会交换的特殊推理机制的存在，科斯米德斯和图比开展了一系列不同版本的四卡片任务研究。四卡片任务

为推理任务，除非任务涉及现实内容和环境，否则人们通常表现不佳。

两人发现，只有涉及钱财和利益的社会交换内容才有助于推理，具体来说，社会交换问题需要参与者敏锐认识到人在社会安排中可能有欺骗性。例如，在波利尼西亚，已婚男性会文身，并且只有已婚男性才可以吃壮阳的木薯根，科斯米德斯和图比发现，要求参与者检查人们是否遵守规则时，他们对无文身男性是否吃木薯根十分警觉。因此两人得出结论，受试者对社会安排中有欺骗性的人具有与生俱来的检测机制，遗传该适应能力的人具有生存优势。

其他理论家（如福多）的观点就没那么极端，他们认为诸如推理等更高级的过程是"通用"并独立于内容的。然而，科斯米德斯和图比的研究表明，思维可能比之前认为的更复杂，甚至推理也可能会受到环境和进化经验的影响。

理性分析

认知心理学有许多专注于机制的研究，即大脑进行的实际认知活动和过程。通常，人们理所当然地认为，较简单或较低水平的认知过程由大脑神经元的相互作用实现。然而，1982 年，认知科学家、神经生理学家大

卫·马尔出版了颇具影响力的书籍《视觉》，书中他着重进行了更高层次的解释，认为只有理解被解决问题的本质，才能正确理解认知过程。因此，要理解认知，我们必须了解复杂心理活动遵循的原则和规律。

> 试图通过研究神经元来理解感知，就像试图通过研究羽毛来理解鸟类飞行一样。
>
> ——大卫·马尔

认知心理学家、计算机科学家约翰·安德森进一步发展了马尔的想法。他认为，研究人员不应研究神经元，而应先假设"人类行为在进化过程中适应环境"，根据该假设，他们需要指明行为上的约束条件，使该行为最可能顺利产生。本质上，他们需要描述行为发生的环境本质，安德森将此过程称为"理性分析"。

非理性与统计

马尔和安德森对心理学理论的发展有重大影响。此前，研究人员认为人类思维先天具有逻辑性，因此解决推理任务最合适的方法是运用逻辑规则；后续研究表明，人们经常会有非理性行为，而这违背了逻辑规律。

1994年，心理学家迈克·奥克斯福德（Mike Oaksford）和尼克·查特（Nick Chater）尝试通过指出环境的不确定性来解决这一矛盾。他们决定不运用逻辑，而使用（基于不确定性的）概率论来预测人们应该如何推理，并将结果与受试者在实验中的实际表现进行比较。他们使用这种方法，尝试预测人们在四卡片任务中的表现。在四卡片任务中，研究人员给受试者一系列问题，要求他们决定选择哪些信息来测试某种规则的真实性。受试者的信息选择通常与合乎逻辑的选择不同，但奥克斯福德和查特发现，受试者的表现完全符合他们的概率分析，这表明人们对可能减少不确定性的信息十分敏感，即人类认知追求的不是逻辑性，而是确定性。

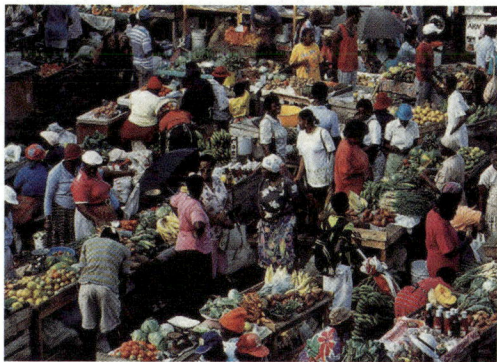

人类合作被认为是普遍的行为。研究表明，我们有在社交场合（如在加勒比海格林纳达岛圣乔治市的市场）发现欺骗行为的先天机制。

快速节俭启发式

哥德·吉尔伦尔在多篇论文和1999年出版的《简捷启发式：让我们更精明》一书中提出了类似的认知分析方法。同奥克斯福德和查特一样，吉尔伦尔假设思维是适应环境的，但略有不同的是，他并没有假定认知因此而得到了优化，相反，他认为许多判断是通过思维捷径（启发式）做出的。

举个例子，芝加哥和洛杉矶，哪个城市的人口更多？不知道答案的人可能知道这两个城市的其他信息——它们是否有足球队参加主要联赛，是否在全国铁路线路上，是否有大学——和小城市相比，人们更可能了解大城市的这些信息。因此，如果他们知道芝加哥有艺术学院，但不确定洛杉矶是否有，便可能认为芝加哥是人口更多的城市。额外信息帮助他们给出更有依据的答案，尽管不一定是准确的。事实上，芝加哥的人口数量在20世纪80年代落后于洛杉矶后，就不再是美国的"人口第二大城市"（仅次于纽约市）了。

> 理性推理模型将思维视为超自然的存在。
> ——吉尔伦尔与托德（G. Gigerenzer & P. Todd）

除了使用思维捷径，人们还会依赖信息的预测质量，换言之，有些信息会比其他信息与问题的相关性更大。尽管有些人可能会尝试用他们掌握的所有信息来解决问题，但这并不能确保更大的成功率。哥德·吉尔伦尔和丹尼尔·戈尔茨坦（Daniel Goldstein）通过计算机模拟证明，综合多个信息项的判断与基于单个最具预测性信息项的判断一样准确。

观察大脑活动

一个完整的认知理论必须既要了解给定问题的本质，又要了解解决问题的信息处理机制。就像工具一样，信息处理机制必须体现在有形物体中，对于人类和其他动物来说，那便是大脑。

医疗技术的发展意味着科学家如今可以在不损伤人脑的情况下检查大脑的结构和活动，这些脑扫描技术让心理学家能够研究进行某种行为（如做梦）时的人类大脑，并将这些行为与特定形式的大脑活动联系起来。例如，扫描技术已被用于阐明心理表征，一项使用功能性磁共振成像的研究发现，心理旋转任务激活的脑活动区域与用于视觉感知的区域相同；另有研究发现，受试者阅读具体的词汇（如"猫"）时的脑活动，与想象物体本身时的脑活动不同。

第十四章　心理语言学

语言是一个自由创造的过程……

——诺姆·乔姆斯基

还有什么比表达或理解语言更简单呢？我们几乎每天都在做这件事，用语言毫不费力地表达我们的想法、感受和情绪。但是语言是如何习得的呢？我们学习语言和学习骑车的方式一样吗？学习第二语言也一样容易吗？心理语言学是一种研究人们如何学习和使用语言的方法，而心理语言学家的工作就是回答这些问题。

尽管心理语言学是一个相对较新的领域，但要了解其是如何发展起来的，我们就要追溯到 2 000 多年前，当时，人们对语言研究的兴趣浓厚（这门学科被称为语文学，后来又被称为语言学），但对如何处理语言（心理语言学）知之甚少。公元前约 400 年，希腊哲学家想知道为什么物体会有各自的命名，如为什么苹果被命名为"苹果"而不是"橘子"。随后几个世纪，他们在探讨词汇命名究竟是由某种强大的力量（如众神之一）随机赋予物体的，还是根据物体的含义或形状选择的。例如，单词"loop"（环形）的发音像是指有曲线的东西，而"square"（正方形）的发音像是指有尖锐边缘的东西。

希腊哲学家对遣词造句的规则也十分感兴趣，我们现在称这些规则为语法或句法，它们可以帮助我们理解他人想传达的思想。例如，在英语中，"玛丽推彼得"（Mary pushes Peter）和"彼得推玛丽"（Peter pushes Mary）有不同的意思，仅仅因为单词的顺序是颠倒的。

在古代，几乎全部有读写能力的人都对语言着迷，甚至政治领袖也加入了关于语言的讨论浪潮。据说，罗马皇帝尤利乌斯·凯撒（Julius Caesar）在一次军事战役期间写了几篇关于语法规则的文章。直至中世纪，词典才首次出现，并与现在的词典大不相同。然而，它们对现代语言学家来说十分重要，因为它们含有大量当时所说和所写的语言信息，并记载了入侵者同化外来语的方式，以及语言是如何演变至今的。

关键日期

1796 年 生理学家弗朗茨·约瑟夫·加尔提出一种理论（后被称为颅相学），认为认知功能是独立组织的，由特定的大脑结构支持。他认为语言是认知功能之一。

1861 年 神经学家保罗·布洛卡报告了首例有记录的失语症病例。

1936 年 "心理语言学"一词被首次使用。

1954 年 查尔斯·奥斯古德（Charles Osgood）和托马斯·塞贝克（Thomas Sebeok）出版了《心理语言学：理论和研究问题的概观》（*Psycholinguistics: A Survey of Theory and Research Problems*），该著作被视为语言学家和心理学家的合作宣言。

1957 年 语言学家诺姆·乔姆斯基出版了《句法结构》；不同于行为主义学家认为语言是一个简单的关联网络，乔姆斯基称语言是人类的独特技能，涉及符号计算和心理表征。

1959 年 诺姆·乔姆斯基发表了《斯金纳语言行为评论》（Review of Skinner's Verbal Behavior），这篇文章是对纯粹的行为主义的语言研究方法的致命打击，赋予了心理语言学自己的学术地位。

1986 年 联结主义为大脑"记忆"信息的方式提供了新的见解。

20 世纪 90 年代后 诸如计算机轴向断层扫描、正电子发射断层扫描和功能性磁共振成像等成像技术的进步，使心理学家能够在患者使用语言时进行大脑"透视"，从而确定语言处理涉及的神经过程和解剖过程。

1996 年后 研究人员愈发强调语言学习的统计性质，表示在没有明确知道任何规则或潜在概念的情况下，婴儿和成人可以从所听到的语言中习得规则。

人类语言源于复杂的运作链，包括概念化、表述和发音，我们讲话时的手势和语气也可能改变我们的语意。

语言无国界

在 15 世纪和 16 世纪，印刷机的发明和进步意味着书籍可以低成本生产和大批量发行。与此同时，首批供思想家和哲学家聚集在一起讨论语言起源的研究院出现了，其中最著名和最有影响力的是意大利的秕糠学会（Accademia della Crusca）和法国的法兰西学术院（French Académie Française）。在那里，学者激烈地辩论抽象问题，如"思想可以独立于语言而存在吗"，换言之，如果我们不知道该用什么词语来形容快乐，我们还能感受到快乐吗？同样，如果我们用同一词语表示蓝色和红色，我们的双眼和大脑还能区分这两种颜色吗？

人们对语言的动态方面——语言在脑中如何表征，我们如何理解语言，以及我们如何学习语言——愈发感兴趣，到了20世纪初，这一兴趣导致了心理语言学的诞生。1957年，诺姆·乔姆斯基出版了《句法结构》，他在书中区分了"能力"与"表现"两个概念，这是语言学和心理语言学发展的重大转折点。"能力"是我们拥有的对自身语言的理想化知识，其中大部分通过语法规则来表达。例如，讲英语的人知道主动语态下句子的主语应该在谓语之前，谓语应该在宾语之前，如"The rabbit（兔子，主语）eats（吃，谓语）a carrot（胡萝卜，宾语）"；同样，我们知道，句子"The witness, who saw the man who saw the grocer who saw the victim, left（一位看到那个看到杂货店老板看到受害者的目击证人离开了）"在语法上是正确的。我们对这些语法规则的理解构成了我们的语言能力。

> 乔姆斯基对认知科学的贡献就如伽利略对物理科学的贡献，现在，我们把思维作为物质世界的一部分来研究。
>
> ——尼尔·史密斯（Neil Smith）

对比之下，"表现"则是"能力"在现实生活中的实际运用。例如，不太可能会有人讲出上文引用的那种句子，该表达既不雅又晦涩；同样，真实的讲话中会出现许多错误或不寻常的措辞。

从过去到现在，语言学主要对"能力"进行研究。乔姆斯基的这本书之所以重要，是因为它让心理语言学摆脱了语言的传统，放下了对"能力"的研究而专注于"表现"。因此，心理语言学关注的是外显语言行为，描述我们如何使用语言交流想法。

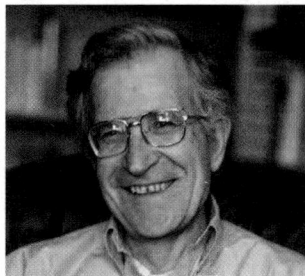

语言学家诺姆·乔姆斯基摒弃了旧式的行为主义思想，彻底改变了我们对语言结构的理解。

语言理解

根据乔姆斯基的说法，我们通过匹配对话者的语言表现和自身的语言能力（我们对语言规则的形式知识）来理解语言。

20世纪70年代，通过测试乔姆斯基的理论，心理语言学家对语言理解有了更深的了解。他们设计了多项语言实验，并从中收集实验证据（通过观察或实验获得的数据）。计算机的应用也帮助他们收集了大量关于人们的语音识别能力和速度的信息，实验结果如下。

> 无论你讲哪种语言，都要进行同样的心理运算。
>
> ——诺姆·乔姆斯基

在听一段发言时，我们每秒钟可以识别四或五个单词，每分钟可以识别几十个句子。基于此，我们或许会推断语言理解是简单直接的，但事实并非如此。以简单的句子"The girl runs after the duck"（女孩追赶鸭子）为例，我们从听到这些单词到理解信息，大体上需要三步。

第一步，我们需要识别单语音（音素）。"Duck"（鸭子）一词由三个音素组成，每个音素分别由传统的语言符号表示：/d/、/ʌ/和/k/。这一步被称为音素分类，该阶段可能会产生问题，因为人们会因不同的口音、年龄、身体状况和情绪而有不同的发音。

第二步是将音素串分割成不同的单词。语音分割十分必要，因为书面语言的单词之间有可见空隙，而语音通常没有间隔或停顿，它是连续的声音流。语音分割帮助

关键术语

语法/句法 人们使用语言的规则。

词汇访问 从心理词汇库检索词汇的过程。

语言能力 如何使用语言的理论认知。

语言表现 日常生活中的语言使用。

语言学 对语言的研究。

心理词汇库 个人对其所知的全部词汇的记忆储备。

音素 单语音；不同于音节。

语言心理学 研究人们如何学习、理解和产生语言的学科。

语义学 研究词义和词义变化的学科。

我们识别所使用的单词，该过程一旦顺利完成，我们便可以在"心理词汇库"（心理语言学术语，指大脑中储存全部已知单词的个人词典）中获取单词表征。

语言理解的最后一步是理解单词或获取词义，这一步被称为句法与语义整合（语义学是对词语和其意义之间关系的研究）。我们从知识系统中检索每个单词的意义。例如，我们可能已知鸭子是一种鸟，有扁平的喙和明亮的羽毛，可以漂浮、行走、游泳和飞行。我们根据句子的语境理解每个单词的意思，凭借对语法规则的了解区分"The girl runs after the duck"（女孩追赶鸭子）和"The duc kruns after the girl"（鸭子追赶女孩）。

快速工作

上述三个步骤发生在不到半秒的时间里，对我们来说似乎很容易，这是因为经过多年的实践，我们已经学会让思维过程愈发自动化。因为可以轻而易举地识别单词，所以我们可以把注意力集中到其他任务上，如思考和计划反应。而对成年外语学习者来说，每一步要困难得多，需要更多的时间和专注。乔姆斯基最初的想法没有涉及识别速度、自动

识别及其他"表现"方面的概念，这些概念后来由心理语言学家以实验为研究工具进行了发展。

访问心理词汇库

出生时，我们的心理词汇库都是空白的，对词汇的记忆存储在出生后的几年里快速增长，从一岁左右的 100 个单词增长到成年后的约 5 万个单词。

在听一段发言时，我们几乎能立刻识别每个单词，不到半秒的时间就能在心理词汇库中正确找到对应的单词。从词汇库检索单词的过程被称为词汇访问，有时，词汇访问失败，我们会检索到错误的单词，如将"parrot"（鹦鹉）检索为"carrot"（胡萝卜）。心理语言学家称，此类错误揭示了发音相似的单词在大脑中紧密地排列在一起。

词汇库的结构也可能基于单词的语义属性（单词的意思）。根据这一理论，语义相连接的单词会相互靠近，例如，"carrot"（胡萝卜）会靠近"lettuce"（生菜），因为同为蔬菜。实验人员可以通过测量单词"胡萝卜"在"生菜"之后时，人们能否比它在"鹦鹉"之后时更快地识别"胡萝卜"一词来验证这一假设。该心理过程被称为

启动（priming）。

> 因为启动发生在无须记忆的任务中，所以它被视为一种不自觉的、无意识的现象。
>
> ——哈维·舒尔曼（Harvey G. Schulman）

语音机器

语音是复杂的，人工生成语音的尝试大多以失败告终。但在 18 世纪末，俄罗斯生理学教授克里斯蒂安·克拉岑斯坦（Christian Kratzenstein）和德国发明家沃尔夫冈·冯·肯普伦（Wolfgang von Kempelen）都制造了共鸣管和风琴管连接的"语音机器"，该机器能够产生易懂的语音、单词甚至短句。

过去的两个世纪里，语音合成已经发

语音的声音信号（或波形）在单词之间无明确边界，要解码它，我们需要先将波形分割成单词。上图为单词"how"的波形。

展为极具吸引力的学科，心理语言学家、语音工程师、语音学家（研究声音的科学家）、生理学家和计算机科学家都参与其中。一些研究人员建造了人工肺和人工嘴装置去尽可能地模仿人类语音。我们也有能够发音的计算机，不过，即使发出了有效的语音，听起来仍有别于真实的人类语音。

语言能力与语言的产生

语音合成的障碍之一是我们无法确切得知语言是如何产生的。显然，语言的产生不仅仅是声音的产生，而是从思考到发音的整个过程。乔姆斯基提出，如果用词汇所表达的概念之间的句法组织关系（语言能力）来描述思维，那么语言的产生就是将语言能力转化为语言表现的过程。该理论为 20 世纪 50 年代的思维研究提供了丰富的起点。心理学家再一次需要凭借实验证据来创立一个扎实的理论，到 20 世纪末，他们已经确定语言的产生涉及大脑内部的分工。

不论年龄或国籍，每个人讲话的运作流程都是相同的，都始于我们想要表达的想法。例如，在面对一只大狗时，我们可能想要传达惊讶的情绪，这被称为概念化阶段。想法会被转化为可用文字表达的概念（惊讶、大、狗），一旦准备好信息的概念结构，我们就需要从心理词汇库中检索正确的词汇——与语言理解过程中使用的心理词汇库相同。同样，我们希望用这些词汇组成句法正确并且有意义的句子，这被称为表述阶段。如果该过程出现任何问题，我们可能会讲出这样的句子："我从未见过这么大的老鼠"（词汇错误）或"我从未见了这么大的狗"（语法错误）。表述阶段后的语言仍不是真正的语言，它是内部语言，是思考时脑海中的无声表达。

一切就绪后，我们将内部语言转化为有声语言，但要做到这一点，我们不仅需

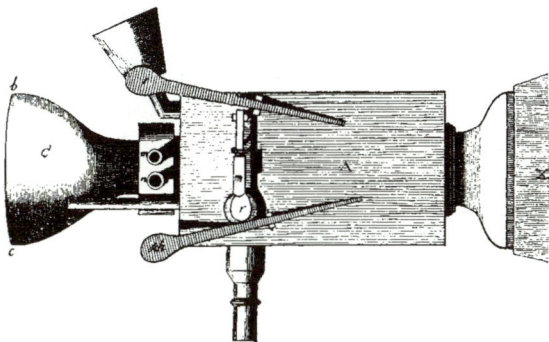

图为沃尔夫冈·冯·肯普伦制造的语音机器的"风箱"，它是一种可以让空气通过共鸣管和风琴管流动的手动操作装置，能够发出多种语音，以及一些单词和短句。

何以得知

焦点

心理语言学家使用多种方法来研究语言，他们收集有关静态方面的数据（单词的熟悉度、方言变化等），并使用评分量表（如"你对'股骨'一词有多熟悉"）、问卷调查、人口调查和真实的语言或写作样本。

研究语言的动态方面（处理阶段如何相互作用）需要更加巧妙和间接的技术，其中最受欢迎的是测量反应时间。人们认为，思维运作（如识别一个单词）如果涉及很多步骤，所需的时间要比只涉及几个步骤的更长，因此，识别不常出现的词（如"头皮"）要比识别经常出现的词（如"学校"）花费更长的时间，这大概是因为词汇是按出现频率的高低检索的。为测量反应时间，受试者会坐在安静的房间里，戴上耳机听演讲，或通过计算机显示器阅读材料，他们要以最快的速度执行一项任务，例如，检测某种声音，或判断听到的是不是一个单词。计算机会测量他们按下按钮所需的时间，反应的时间差可以小到 15 毫秒（0.015 秒）或 20 毫秒（0.02 秒）。

要嘴巴，还需要肺、喉、舌、鼻和唇协作，讲出清晰的、听得见的句子："我从未见过这么大的狗！"该阶段被称为发音阶段，因为它涉及发出构成每个单词的音素所必需的肌肉程序。正是在这一阶段，人们会犯最奇怪的语言错误，如两个音素对调，"I've never seen such a dig bog（应为：I've never seen such a big dog）"。克拉岑斯坦、冯·肯普伦和现代工程师所建造的语音机器都专注于该阶段。

幸运的是，现实中以上运作流程人们很快就能完成。试想，如果我们在交谈前必须把每一步都想清楚，那么当朋友要穿过车来车往的马路时，我们都来不及对他简单地说一句"小心"。然而，语言的产生（说话）并不像语言的理解那样轻而易举和水到渠成，人们在表达质量和表达速度上的差异很大，这些个体差异可能源于上述三个阶段中的任何一个。

19世纪的英国牧师、学者威廉·阿奇博尔德·斯普纳（William Archibald Spooner）因发音失误而闻名。斯普纳的"口误"十分诙谐——例如，他把"half-formed wish"（半成不全的愿望）讲成"half-warmed fish"（半温不热的鱼）——这类口误被统称为"斯普纳现象"（首音误置）[①]。

语言发展

数百年来，人们一直想知道我们是如何习得语言的。早期的语言习得实验之一（尽管并不道德）进行于16世纪，印度莫卧儿王朝最伟大的皇帝阿克巴（Akbar）认为，人们通过听他人说话习得语言。为了验证他的假设，阿克巴将几个新生儿隔绝在一座宅邸，使他们远离文明社会，并让哑巴护士看守。四年后他再次来到宅邸，不出所料，他发现孩子们无法发出任何语音。

也有许多关于野孩子或与世隔绝的孩子的报道，他们经历了多年的语言剥夺，所以只学会了几个单词。即使能够学习单词，他们通常也无法掌握语法规则。语言能力的恢复似乎取决于开始学习语言的年龄。心理语言学家埃里克·雷纳伯格（Eric Lenneberg）认为，语言学习可能有关键期（在青春期前结束），过了该时期，学习能力会大幅下降。

---

① 该现象常见于英文，在中文中类似于将"枫叶红了"讲为"红叶疯了"。——译者注

> 语言学习这一自然能力通常在青春期前后迅速下降，掌握流利的母语是有关键年龄期的。
>
> ——埃里克·雷纳伯格

威廉·阿奇博尔德·斯普纳以首音误置而闻名。有一个众所周知的趣事，他本想对一个懒惰的大学生说"你浪费了一整个学期"（You have wasted a whole term），但口误说成"你吃掉了一整条虫子"（You have tasted a whole worm）。

对大多数人来说，语言习得是自然而然的，从幼时开始，几乎无须正式训练。如果有人问我们何时学会了"太阳"这个词，这个词的发音要用什么肌肉，我们可能无法回答。当代的心理语言学家能够使用现代的语言实验室，他们将这种语言学习过程分为几个阶段。

母语

人们在出生前就会学习母语的典型语调（韵律），胎儿在子宫内就能听到来自母亲和周围的人的低频声音。尽管音质很差，但足以让胎儿熟悉许多语言噪声。婴儿一出生就会对孕期常在母亲身边的人的声音表现出偏爱，也会表现出对所谓的母语的明显偏爱。

> 婴儿通过捕捉环境中声音模式的规律来学习识别语音。
>
> ——彼得·W. 尤斯奇克（Peter W. Jusczyk）

在出生后的几个月里，婴儿会熟悉周围环境中的语音，过不了多久（约六个月），他们就能学会一些单词，通常是所在环境经常出现的单词（如"妈妈""爸爸""狗""光"）。我们能够得知婴儿可以辨别这些词义，因为听到"妈妈"这个词时，他们会表现出对母亲照片的偏好，而听到"爸爸"这个词时，他们会表现出对父亲照片的偏好。到一岁时，婴儿通常会掌握大量音素和一些正确的单词。

婴儿讲出的第一个词可能很难理解，例如，他们会用"ba"代指"ball"（球），但在一岁左右，他们会形成一个小词汇库来表达意图。然而，我们还是经常无法弄清婴儿的意思，如果他们说"球"，他们指的是球的本身，球的旋转，球的颜色，还是打球的动作？因此，单字阶段的交际价值是有限的，因为单词并无明确含义。

电报语阶段

在双词阶段或电报语阶段，婴儿离讲出真正的句子更进一步。该阶段常出现于两岁末，与词汇爆炸（孩童词汇量的急剧增加）的时间一致。在掌握数百个词汇后，婴儿表达想法变得更为容易，如"爸爸鞋"和"扔球"。但许多双词句子仍然会有歧义，例如，"不吃"可能是"我不想吃"，或者是"你不能吃"，甚至是"别吃我"。

只有在句法阶段，约两岁半时，孩子才开始讲出真正的句子，这些句子会含有动词、介词、副词等，并遵循句法规则。这时，孩子会认识到句中词序的重要性，例如，"汽车拖着拖车"（the car pulled the trailer）与"拖车拖着汽车"（the trailer pulled the car）全然不同。

语言是与生俱来的技能吗

在对人们如何学习语言的研究中，一个有趣的问题与儿童发展于两岁左右的语法规则的本质有关。儿童会学习一系列的语法规则吗？自乔姆斯基的《句法结构》问世以来，许多科学家都试图回答这个问题，但尚未给出令人满意的答案。句法如此复杂，却又如此容易习得，似乎人们天生就具有语言学习的素质或天赋。

大脑中的语言

无论如何，我们的所作所为全部源于大脑，语言也不例外。要完全理解大脑如何控制语言，我们就需要了解神经学知识。

病理学家保罗·布洛卡首次证实，大多数人控制语言理解与产生的区域位于左脑半球，在左耳后方。通过对失语症（失

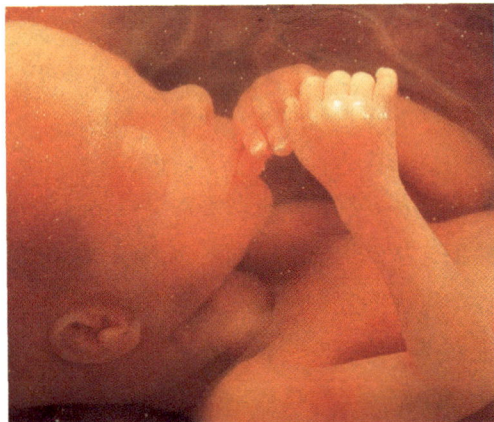

图为子宫中的胎儿。研究表明，我们在出生前就开始学习母语。

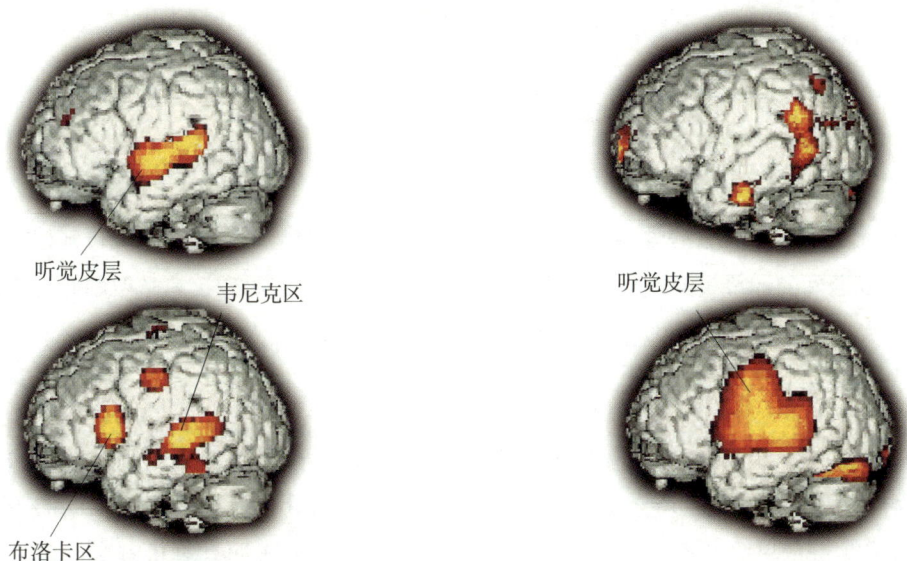

图为人类脑活动的正电子发射断层扫描图（面朝左的大脑左视图）。左上：内心思想会激活部分听觉皮层。右上：理解词意会激活颞叶的某些区域。左下：重复单词会激活负责语言生成的布洛卡区、负责语言理解的韦尼克区和一个运动区。右下：听到讲话会激活听觉皮层。

去说话能力）患者进行尸检，布洛卡发现患者的左脑半球受损，该区域现又称为"布洛卡区"。卡尔·韦尼克发现，一个距离布洛卡区稍远的区域受损会造成语言理解困难。这两个发现开启了至今仍在继续的研究项目。

后来又有许多人尝试绘制大脑的语言区域图，其目的是找出各个区域对应的语言能力。神经语言学研究人员正试图确定心理词汇库的确切位置和大脑中控制句法

的区域，并希望发现这些区域与有关音乐感知的区域的不同，以及语言是如何在双语者的大脑中表现出来的。如果科学家能够找到这些问题的答案，或许就能建立大脑语言处理的精确模型，这既有助于外科医生进行脑部手术，又可以为计算机科学家提供模型，用于建造能够识别和产生仿真人声的机器。

第十五章　计算机模拟

若计算机能够思考，我们如何得知呢？

——阿兰·图灵

20 世纪五六十年代，心理学出现所谓的"认知革命"的一个重要原因是正式始于第二次世界大战期间的计算机的发展。计算机很快成为一种重要的研究工具，帮助心理学家创建试图模拟人脑活动和思维过程的程序和系统。

在计算机发展之前，行为主义已经主导了心理学几十年，它强调观察或测量人或动物的外显行为。但随着人们对计算机的兴趣渐浓，新的思路出现了。计算机似乎可以执行类似于人们所执行的任务，这让一些心理学家视大脑为一台强大的计算机。当生理学家仍在研究大脑的结构或剖解学时，认知心理学家开始试图弄清楚大脑是如何工作的，或者它是如何"编程"的。

大脑和计算机都是能够阅读、输出、存储和比较符号的信息处理系统，大脑利用神经细胞来执行这些任务，计算机则使用微芯片来完成这些过程，但它们的工作方式是有相似之处的。

因此，心理学家可以通过计算机编程来模拟他们认为的思维过程的运作方式，从而检验相关理论。首先，他们试图找出人们解决某种特定复杂问题的方式，然后以此信息为指导，通过编程来解决同样的问题。如果计算机的输出与人们的表现相匹配，那么就表明计算机解决问题的方式可能与人们完成任务的方式相同。

思维与机器

我们不应将对思维过程的模拟与人工智能相混淆，尽管二者之间的界限模糊不清，特别是在此类研究开始时更是如此。心理学家正在试图了解人类或动物的思维运作方式，并创建以同样方式运作的计算机程序。人工智能（AI）的研究人员经常试图制造"智能"机器来完成特定任务，它能否以和人类相同的方式完成任务并不重要，但是它若能更快速或更高效地完成任务，人工智能程序员一定会欣喜若狂。

来自英国曼彻斯特大学（Manchester University）的马克斯·纽曼（Max Newman）教授制造了第一台全电子存储程序计算机——曼彻斯特马克一号（Manchester Mark 1）。它于 1949 年 6 月建成并大获成功，它也对 20 世纪 50 年代的心理学理论产生了巨大影响。

不过，即使一项人工智能实验并没有心理学目标，它仍可能给心理学家带来有益的启示，特别是人工智能通常可以证明"充分性"。也就是说，如果计算机能够用某种资源完成特定任务，那么人要完成同样的任务就不需要更多的资源。

在该领域发展初期，计算机的速度与如今相比要慢很多，内存也非常小。但是，即使是最先进的计算机也丝毫无法与人脑的能力相提并论，尽管计算机在处理一些事情上比人更快、更准。因此，对思维过程的计算机模拟一直局限于相当简单的任务，或任务较小的组成部分，程序员可以充分理解这些任务，并将其编入程序。然而，甚至两岁儿童的一些能力都复杂到无

法对其编程。

> 这项研究是基于这样的猜想进行的，即学习的每一方面或智能的任一特征，原则上都可以被精确地描述，因此，我们可以制造一台机器来进行模拟。
>
> ——约翰·麦卡锡（John McCarthy）

对将计算机模拟作为心理学研究工具最常见的批评是，计算机的工作方式与人脑不同，因此二者之间的任何比较都是不严谨的。特别是大多数认知理论都意识到，从对物体的简单感知到对口语的理解，人类的思维在很大程度上依赖庞大的知识库，这是当今最强大的计算机也无法匹敌的。然而，这并没有阻止科学家进行尝试。

图灵测试与"Doctor"程序

实验

英国数学家、计算机科学家艾伦·图灵提出了如下的人工智能测试：让测试人员通过在控制台打字进行对话，在他看不到的隔壁房间里，有一个人和一台计算机，测试人员在不知道对话者是谁的情况下与之交谈，若他无法区别人与机器，便可以说明这台计算机是智能的。

从那时起，计算机程序员编写了许多程序，这些程序可进行令人较为满意的对话。例如，名为"Doctor"（医生）的程序可以提供精神疾病治疗方面的建议，它只是通过查找关键词并将其反馈给患者。如果有人输入"我和父母之间有矛盾"，Doctor可能会回复"你和父母之间有什么矛盾"，这个人可能会写道"我认为他们不爱我了"，对此计算机程序会回复"你为什么这么想"，等等。Doctor程序模仿心理治疗，但是其他使用更精确、更复杂的关键词方法的程序产生了更真实的对话，然而，没有一个程序是完全令人信服的。

1990年，剑桥行为研究中心（Cambridge Center for Behavioral Studies）悬赏10万美元，奖励编写出可以愚弄人的对话程序的人。直到2001年底，这笔钱仍无人认领。作为安慰，该研究中心每年提供2 000美元奖励表现最佳的项目。

艾伦·图灵认为，如果机器能模仿人类，那么它就是智能的，但这并不是机器展示智能的唯一方式。

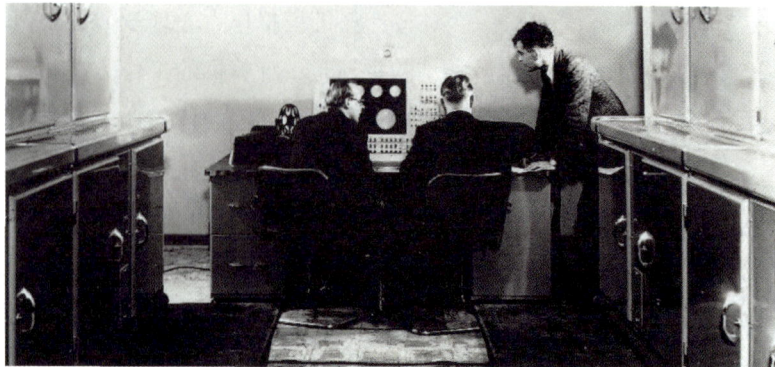

图为1951年艾伦·图灵与同事们研究 Ferranti Mark I 型计算机。第二次世界大战期间，图灵参与了世界首台电子计算机的建造。

逻辑理论家

逻辑理论家（The logic theorist）是最早创建的人类思维模拟程序之一，由赫伯特·西蒙、艾伦·纽厄尔和 J. C. 肖开发。它使用了符号逻辑——一个将逻辑语句写成由运算符"与"（AND）、"或"（OR）和"非"（NOT）等链接词关联的变量的系统。这些关联关系自然而然地被纳入数字计算机的体系结构，通过有导电性或无导电性的电子"门"运转。若要将两个门串联，那么它们必须同时打开，电流才能通过，这就相当于一个"与门（AND）"；若要将两个门并联，打开其中一个，电流即可通过，这就相当于一个"或门（OR）"；"非门（NOT）"电路会将门的状态反转，门若是关闭的则将其打开，若是打开的则将其关闭。

逻辑理论家会被提供一些公理（假定为真的陈述）、对这些公理进行逻辑运算的一连串规则以及要证明的数学定理。受规则控制的逻辑运算称为运算符，例如，在数学中，常用的运算符是加、减、乘、除。通过将运算符应用于公理，逻辑理论家逐一生成新的语句，直至结果与所证定理相匹配，然后列印出所用的序列。通过这种方法，逻辑理论家为《自然哲学的数学原理》（*Mathematical Principles of Natural Philosophy*）中的几项定理提供了证明。《自然哲学的数学原理》是艾萨克·牛顿爵士（Sir Isaac Newton）于 1687 年撰写的有关数学逻辑的书。有一次，逻辑理论家甚至提出了被认为比《自然哲学的数学原理》更"优雅（elegant）"的证明——数学家用"优雅"来形容简单性和独创性。

一项新的逻辑理论

西蒙对那些一边自言自语一边解决类似逻辑问题的人进行了广泛研究，最终的分析使他清楚地意识到，这些人的思维过程与逻辑理论家所采用的过程截然不同。

作为该项成果的回应，西蒙提出了描述问题解决的新理论。他将现实中问题的存在之处定义为"任务环境"，他认为，问题解决器首先要建立被称为"问题空间"的心理表征，这个空间或包含或不包含解决问题所需的全部元素。在问题空间，起始状态（事情是怎样的）、目标状态（如果问题得到解决，事情将是怎样的）和解决器能够应用的一组运算符会被表示出来。因此，通过将运算符应用于初始对象，直至将其转变为预期的最终对象，问题便会得到解决。有时，这一转变无法直接完成，必须被分割成多个子任务。

根据西蒙的理论，程序也可以通过在问题空间中搜索运算符，将其应用到对象上，然后测试结果来解决问题。如果有必要，它还可以将主任务分解成不同的子任务，并对这些子任务再进行同样的流程——

计算机认知的先驱

人物传记

赫伯特·西蒙和艾伦·纽厄尔都不是心理学家，但他们普遍被认为是人工智能和计算机模拟思维过程领域的首批重要工作者，其成果在发起 20 世纪五六十年代的"认知革命"中发挥了重要作用。

西蒙获有政治学学位，是卡内基理工学院（现卡内基梅隆大学）的教授，他研究大型企业的行为。他得出的结论是，大型组织通过与个体类似的思维过程来做决策。西蒙发表在《管理行为》（*Administrative Behavior*）一书中的研究成果，让其在 1978 年荣获诺贝尔经济学奖。

1952 年，西蒙在兰德公司（Rand Corporation）担任顾问。兰德公司是位于加利福尼亚州圣莫尼卡的一所智库。在那里，他遇到了艾伦·纽厄尔。纽厄尔从约翰·普林斯顿大学数学研究生院辍学后，将数学博弈论应用于组织

行为。尽管学习过物理和数学，但纽厄尔想做的是应用性工作而非理论性工作。

西蒙和纽厄尔一同参与了政府资助的防空组织研究，纽厄尔为此开发了计算机程序，模拟雷达屏幕上飞机的图像。西蒙看到这个程序时，他意识到以前几乎全部用于数字运算的计算机也可以操作符号，他确信这就是人类思维的运作方式。

西蒙、纽厄尔和兰德公司的程序员 J. C. 肖随后创建了可以证明数学理论的程序逻辑理论家。1956 年，他们在具有历史意义的达特茅斯人工智能会议上进行了演示。接着，他们又编写了一般问题解决器，并基于此开发了更为通用的人工智能程序 SOAR。如今，多数认知科学家和人工智能研究员都认为该成果极具开创性。

赫伯特·西蒙获得了 1978 年的诺贝尔经济学奖，他与同事纽厄尔为大脑如何运作的理论做出重大贡献。

计算机程序员称之为"递归"处理。

　　西蒙以送孩子上学的问题为例，需要修正的对象是家校往返所需的时间，可以应用的运算符是汽车。但若汽车出现故障或需要加油，那么就可能要应用其他运算符——如机修工或加油站——来调整汽车对象，直到它成为能够解决更大的问题的有效运算符。该程序成功运行的一个阻碍可能是对问题空间的选择不恰当，没有涵盖实现目标所需的所有对象和运算符。因此，当我们找不到解决方案时，重新定义问题空间不失为一种策略。在本例中，问题空间可能会扩展到包含公交车或自行车等运算符。

一般问题解决器

　　在该研究的基础上，西蒙、纽厄尔和肖开发了名为"一般问题解决器"（General Problem Solver，简称 GPS）的计算机程序。它以初始情况和目标为对象，首先衡量两者的差异，然后寻找能够减少差异的运算符，人工智能程序员将此类运算符称为"生成系统"。最简单的生成系统遵循如下规则：如果 A 与（AND）B 都是正确的，那么 C 就会发生。生成系统还可以使用或符（OR）、非符（NOT）和蕴含符

（IMPLIES）等运算符。

　　和逻辑理论家一样，GPS 对符号逻辑的表述有效，所以一切问题都必须转换成符号形式。因此，程序员必须将问题和解决工具作为简单定义输入程序，这些定

要点

- 一些心理学家试图创建计算机程序来测试有关大脑如何工作的理论，这些程序依次按照理论运行，心理学家将计算机的输出结果与人类思维进行比较。

- 计算机模拟思维过程与人工智能并不是一回事，但这两个研究领域部分重叠并相互支持。

- 计算机模拟和人工智能的研究大致可以分为两个领域：一是符号处理，该领域通过计算机编程来表征物体与想法；二是连接主义，在该领域，计算机试图模拟大脑的并行学习机制。

- 批评者表示，计算机和大脑的差异很大，以至于计算机模拟无法测试心理学理论。

义表示单词之间的关系。然而，执行问题解决程序与每一个任务细节是分开的，这就是为什么该程序被称为"一般问题解决器"。除了处理逻辑问题，它还可以解决各种其他任务，如国际象棋和数学中的难题。

状态、算子和结果

纽厄尔继续扩展了问题解决理论，并创建了名为"SOAR"（Start，Objects，and Response 的英文首字母缩写）的程序，他将其描述为认知的统一理论，以及人工智能工具。纽厄尔认为，人类的全部认知都可以通过在问题空间中解决问题的方式来表征，因此在理论上，SOAR 可以模拟任何思维过程。自 1983 年问世以来，SOAR 经历了多次修改，至今仍被广泛使用。

通过为 SOAR 提供恰当的决策规则，程序员可以为不同任务进行编程；此外，SOAR 还能够通过名为"程序分块"的过程进行学习。从人类的角度而言，当我们将几条信息聚集在一起，形成可以思考并记忆的单个项目时，就会进行程序分块。例如，我们把字母表中的几个字母放在一起，将其视为一个单词。通过程序分块，SOAR 可以将旧规则同化为新规则，从而扩展知识库。

> 大脑和计算机的天赋是相辅相成的，而不是相互模仿的，我们应该警惕不要将二者相互进行比喻。
>
> ——J. A. 安德森（J. A. Anderson）

SOAR 是用于创建专家系统的程序之一。专家系统中存有特定主题的大量规则集合，可用于针对特定情况得出结论。专家系统通常在与知识渊博之人进行大量"采访"后建立决策规则：操作员输入信息后，专家系统会提出问题，并调整后续的回答来反映先前的回答。在某种程度上，这也是对人类工作方式的模拟。

专家系统并不是为了取代人工，而是为了成为训练有素的专业人员的智能助手。首个专家系统名为 DENDRA，它在 1965 年由斯坦福研究所的人工智能研究员布鲁斯·布坎南编写，用于协助化学家解释质谱分析结果；布坎南还帮助开发了 MYCIN，该专家系统由爱德华·肖特利夫（Edward Shortliffe）开发，用于辅助医学诊断、石油勘探和化学分析；两人的同事理查德·杜达（Richard Duda）在 1976 年开发了 PROSPECTOR 系统，它能够分析某地区的地质信息，并推荐寻找矿藏的最佳地点。同许多程序一样，这些系统历经多年演变，其中一些系统仍被普遍应用。

HEARSAY 系统

　　另一个名为 HEARSAY 的专家系统被设计用于识别语音，即使那时人们对声音的初始识别能力很差。HEARSAY 系统在20 世纪七八十年代创建了几个版本，它们为心理学家提供了人类语音识别的新思路。

　　HEARSAY 有多个不同模块，它们分别对传入的数据进行操作，同时也会共享数据并进行比较，该方法被称为并行处理。分析传入声音的第一个模块会对出现的音素（元音和辅音）进行猜测，并将其传递给其他模块，从而猜测它们构成的音节和单词。同时，其他模块会猜测这些单词的语法（句子结构）和含义。所有模块不断地比较假设，并为之分配不同的可靠性得分，直至系统选择出可能性最高的句子。即便是早期版本的 HEARSAY，准确率也在90% 左右，但许多认知心理学家仍然认为，它并不能很好地模拟人类的语言处理方式，因为在很大程度上，它的处理是"自上而下"的（它在处理过程早期就产生了关于含义的假设）。他们认为，大脑无法以足够快的速度进行这些处理，来实时理解语音，大脑更依赖于一种"自下而上"的方法，即在试图理解信息前先组织信息。

处理方法

　　截至目前，所述的全部计算机程序都使用"符号处理"方法。现实生活中的物体或想法是由计算机操作的符号表征的，通常是串行的，也就是说，程序中的一部分执行一个操作，然后将结果传递给另一部分。然而，批评者认为，大脑很可能不以此方式运作。

　　即使在 20 世纪 50 年代，生理学家也认为大脑是一个庞大的并行处理系统，此后的研究都倾向于证实该假设。通过在神经

1997 年 5 月，国际象棋世界冠军加里·卡斯帕罗夫在纽约与"深蓝"展开对决。"深蓝"程序类似于美国国际商用机器公司（IBM）开发的专家系统，由卡内基梅隆大学的三位学生开发。通过利用大量国际象棋信息并分析走法的可能结果，"深蓝"击败了卡斯帕罗夫。

ABC: 输出节点
1~7: 输入节点

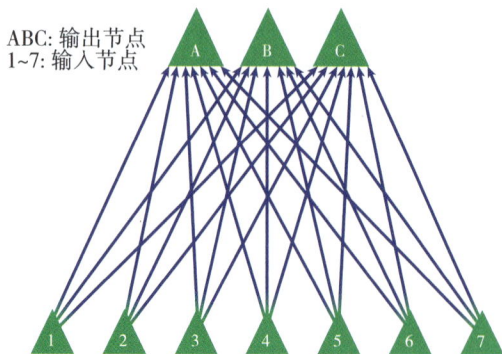

图为神经网络的简单图解。由数字编号的输入节点发送的信号根据它们与三个输出节点的距离进行"加权"。因此，节点 2 向节点 A 发送强信号，向节点 B 发送中信号，向节点 C 发送弱信号。输出节点的发射取决于它们接收到的信号总量，例如，来自节点 3、4 或 5 的一些信号，或者来自节点 1 和 7 的许多信号，可能导致节点 B 发射。通过这种方式，系统可以学习重复的模式，即使它们并不完全相同。

元（传导神经冲动的脑细胞）之间建立复杂的连接模式，记忆得以存储，思维得以展开。这些连接并非像计算机开关一样瞬间建立，而是通过重复来形成。如果一个神经元（神经细胞）反复放电，它最终会造成附近的一个神经元放电，所产生的化学变化会降低两个神经元之间的电阻，结果是它们会同时放电。

联结主义

20 世纪 50 年代，心理学家和人工智能

研究人员开始思考对上述大脑的运作过程进行模拟，并创建了为人熟知的人工神经网络：模拟大脑的生理机能，而非思维过程的系统。这种方法被称为联结主义，因为它强调情境和反应之间的联系。

人工神经网络最简单的形式是将几个输入节点与一些输出节点相连，它们之间可能存在中间层，也可能不存在中间层。通常，每个输入节点都会连接相邻层中的几个节点，当有刺激激活一个输入节点时，该节点会发送信号到与之相连的全部节点。但是，这些信号会被加权，即它们的强度会在到达更远的节点时减弱。

神经网络的一个常见应用是视觉模式识别，输入节点被排列在代表图像像素的网格上。通过反复接触相同的模式，置于输出节点的一些连接权重（值）会被调整，渐渐实现期望的输出模式，之后设备可以被设置为报告每一次的成功匹配。因为成功率取决于附近几处连接的总值，此类神经网络也可以处理"模糊"情况，如识别总体设计相同但是不完全相同的视觉模式。

神经网络有两种类型，即监督型网络和非监督型网络。在监督型网络中，操作者会调整权重；在非监督型网络中，系统会调整自己的权重，这个过程在其他语境

中被称为"学习"。

感知机

首个人工神经网络由弗兰克·罗森布拉特于 1957 年在纽约布法罗的康奈尔航空实验室制造，他称这个机器为感知机。第一个感知机并不是一台电子计算机，而是一种机械设备，它利用实数权值来调整连接值。1960 年，罗森布拉特公开演示了感知机，其识别简单模式的能力让科学家印象深刻。他的想法很快以计算机程序的形式被改造，其中"权重"由变量（分配给连接节点的数值）表征。

1969 年，计算机科学家马文·明斯基（麻省理工学院人工智能实验室的联合创始人、认知革命的重要人物）和西摩·佩珀特（麻省理工学院的数学家）合作撰写了《感知机：计算几何导论》（*Perceptrons:An Introduction to Computational Geometry*）一书。在书中，他们指出了罗森布拉特的感知机的严重局限性，称它无法执行多种符号处理系统已能处理的任务。结果，神经网络的研究被搁置了 15 年，明斯基后来承认，他的批评"过于严厉了"。

最初的感知机仅有一个输入层与输出层。明斯基和佩珀特指出的不足在通过添加中间层或"隐藏"层，并允许中间层和最终层将信号发送回第一层后便不复存在了，这种技术被称为"反向传播"。一个名为 Hopfield 网络的变体仅使用了单层节点。

"鬼域"

名为"鬼域"（Pandemonium）的新程序将认知理论与神经网络方法相结合，由麻省理工学院的奥利弗·塞尔弗里奇（Oliver Selfridge）开发。"鬼域"由四个层级组成，模拟一些理论家认为的人类感知结构。第一层级对应感觉器官，对输入的数据进行简单接收，将其存储并传递；第二层级由"恶魔"（鬼域中的"魔"）组成，通过计算对输入的数据进行细化，然后将结果传递给第三层级；第三层级含有进一步评估数据的"恶魔"，并将结果报告给第四层级。第三层级中的每个"恶魔"会向第四层级的"恶魔"发出"尖叫"，尖叫声与证据值呈比例关系，而第四层级的"恶魔"会从所有的尖叫中选择出声音最大的一个。

"鬼域"加入了"遗传"算法（算法是确保问题解决的逻辑运算/计算过程，例如，要确定一个数是偶数还是奇数，只需将其除以 2），允许自我修改以提高性能。每项任务开始时，"鬼域"程序会使用监

关键日期

1956 年 西蒙、纽厄尔和肖编写出定理证明程序"逻辑理论家"。在达特茅斯学院举办的一次会议汇集了心理学家和计算机科学家。

1957 年 一般问题解决器问世。

1958 年 弗兰克·罗森布拉特设计了感知机。

1958 年 首个人工智能编程语言 LISP 诞生。

1965 年 首个专家系统 DENDRAL 诞生，用于协助化学家解释质谱数据。

1969 年 马文·明斯基与西摩·佩珀特发表了对感知机的批评，导致神经网络的研究被搁置。

1971 年 首版 HEARSAY 问世。

1973 年 MYCIN 成为首个有效的医学诊断专家系统。

1974 年 感知机的反向传播形式使人们对神经网络重新产生兴趣。

1987 年 SOAR 被推出，它被称为"认知的统一理论"。

督型学习方法，操作员训练它获取正确结果的近似值。然后，它会选择看起来表现最佳的第二层级的"恶魔"，删除其他"恶魔"，并创建成功的"恶魔"的新副本。通过这种方式，"鬼域"能够识别手写字符。

现行方法

如今，神经网络被广泛用于模式识别应用程序，如光学字符识别和语音识别，以及用于"优化"问题，其目标是找到相互作用变量的最简练或最有效的组合。尽管符号处理系统在人工智能中仍被广泛使用，但大多数认知科学家已不再使用此类方法来模拟思维，他们甚至称符号处理为 GOFAI（有效的老式人工智能）。

第十六章　进化心理学

> 若不以进化的角度观之，生物学则毫无意义。
>
> ——T. 杜布赞斯基（T.Dobzhansky）

进化心理学是最新的行为研究方法之一，研究人员将生物学知识与人类物种历史相结合，发展出关于人性的新思想。他们的大部分工作都建立在英国博物学家查尔斯·达尔文的理论基础上，他通过自然选择发展了进化论。

1859年，查尔斯·达尔文的著作《物种起源》的出版彻底改变了人们对自然界的认识。在达尔文之前，并没有令人信服的科学来解释生物体为什么是这样的，以及是什么导致了它们的异同之处。如今，严谨的生物学家在试图了解任何物种时，都会在达尔文的自然选择理论背景下去考虑。1995 年，哲学家丹尼尔·丹尼特（Daniel Dennett）总结了达尔文的影响：通过自然选择进化的思想一下就将生命、意义、目的与时空和因果统一起来了。

达尔文的思想相对简单。当

这张查尔斯·达尔文的照片拍摄于 1870 年前后。1868—1872 年，达尔文出版了三部重要著作，均为《物种起源》一书中所提出的理论的延续。

观察到某些生物似乎比其他生物繁殖得更成功时，他假设其中一些繁殖差异是源于个体遗传特征的差异。例如，拥有足够强壮能够敲开种子的喙的雀类比拥有过窄或无力的喙的同类更容易存活并繁殖。达尔文认为，环境因素（如干旱）会"选择"特定特征，如强壮的喙。拥有这些特征的个体更有可能生存、繁殖，并将其遗传给后代。因此，他推断，能够提高繁殖成功率的差异会从一代传递到下一代，直至在整个种群中传播开来，因为每一代中特征优越的个体都会繁殖得更多。

这一简单思想的主要吸引力之一在于它解释了生物为何如此适应于在其所处的环境中生存与繁殖。所有生物都需要完成特定的任务（如寻找食物、躲避天敌、吸引配偶等），并且逐渐累积能够使其比竞争对手更高效地完成这些任务的某些特征的微小变化。随着微小变化的累积，生物会逐渐呈现更好的"设计"，从而在环境中兴旺发展。

为了验证该理论，达尔文使用人工选择（而非自然选择）的方法培育鸽子，使其与具有所需特征的鸟类交配以繁殖后代。通过这种方式，他证实了特定性状可由父母遗传给后代。不过，他并不明白背后的机制，因为他当时还不了解基因这一细胞核中的微小信息单位。19世纪60年代，格雷戈尔·孟德尔研究了豌豆的遗传规律，但直至1900年，他的成果才被埃里希·切尔马克·冯·赛森艾格（Erich Tschermak von Seysenegg）、雨果·德·弗里斯（Hugo de Vries）和卡尔·埃里希·科伦斯（Carl Erich Correns）同时独立地重新发现。1909年，丹麦生物学家威廉·路德维希·约翰森（Wilhelm Ludvig Johannsen）提出用"基因"一词来描述相关的遗传因子，这让人们更深入地了解了性状是如何遗传的，并

完善了达尔文的理论。

在未来，我预见可以在广阔的领域进行更为重要的研究。心理学将建立在一个新的基础之上，即按照等级划分获得每一种精神力量和能力的必要条件。

——查尔斯·达尔文

道金斯与《自私的基因》

达尔文从个体层面思考进化过程，认为进化的关键在于个体所生育的后代存活下来的数量。然而，生物学家理查德·道金斯在其著作《自私的基因》中对此提出了异议，认为理解进化的关键在于不同的基因身上发生了什么，而非不同的个体发生了什么。

重要日期

1859年　查尔斯·达尔文出版了《物种起源》。

1976年　理查德·道金斯出版了《自私的基因》。

1999年　戴维·巴斯出版了一本进化心理学教科书。

图为非洲蜜蜂覆盖在从蜂巢中移出的蜂房上。蜂群研究人员试图解释无繁殖力的雄蜂的存在，它们的存在似乎与达尔文的自然选择与进化理论相悖。

道金斯提出，进化在本质上是一个"反馈循环"。因此，基因对其所在的生物体有一定的影响，并且它们影响个体的方式决定了遗传到下一代的基因副本数量。通过这种方式，不同基因的精确副本由父母传递给后代。因此，尽管全部个体生物死亡，基因是"不朽"的，从某种意义上说，基因副本会一代一代地传递下去。

支持该理论的重要例证源于生物学家威廉·D.汉密尔顿对亲缘选择过程的研究。汉密尔顿了解到，某些昆虫物种的群落中有许多无生殖力的个体，如雄蜂，它们根本没有后代，从传统达尔文主义的立场来看，这便是一个谜。自然选择怎么会产生

不留下任何后代的个体呢？ 20世纪70年代，汉密尔顿提出了该问题的解决方案，他指出，雄蜂的基因在其姊妹身上留存的数量要比自己的后代多，因此从进化的角度来看，它们帮助蚁后繁殖要比自己繁殖更好。

达尔文的自然选择进化论彻底改变了生物学。如今，他的理论得到了改进和完善，但基本逻辑本质上没有改变。那么，为什么科学家十分抵触将该理论应用于人类呢？

进化与人类

1975年，哈佛大学生物学家爱德华·O.威尔逊出版了《社会生物学：新的综合》，他在书中描述了进化如何帮助解释动物的社会行为。在最后一章，他将同样的思想应用于人类社会生活，这一做法引起了反对将生物学思想应用于人类的人们的强烈反对。尽管存在敌意，其他的一些科学家此后仍试图用进化理论来理解人类行为。从他们的研究中，出现了一个被称为进化心理学的新领域，该领域如今被公认为一门科学学科。进化心理学将对自然选择进化原则的现代理解应用于人类行为和产生行为的器官，即人脑。虽然并非所

家庭暴力

心理学与社会

马丁·戴利和玛戈·威尔逊夫妇是加拿大麦克马斯特大学（McMaster University）的心理学家，他们研究了一个对社会具有深远意义的问题：家庭暴力。1988 年，两人出版了《谋杀》一书，书中采用进化方法解决暴力问题，特别是家庭暴力。他们从亲缘选择理论出发，预测亲生子女比非亲生（领养或过继）子女更不容易受到父母的虐待。在梳理了大量的历史和人类学记录后，他们得出一些惊人的结论。他们发现，在美国和加拿大，继子女受到父母致命的虐待的可能性是亲生子女的 50 多倍。

这对夫妇还收集了大量的证据，证实了从进化角度产生的有关暴力与谋杀的其他几个假设。然而，他们并没有得出孩子应该总是害怕继父母的结论，而是认为混合家庭在某些方面是对人性的新的挑战。因此，如果此类家庭要顺利适应环境，父母必须学习育儿行为。

有进化心理学家都持有相同观点，但他们在一些原则上是大体一致的，以下是该领域多数研究人员认同的一些基本原则。

认知

进化心理学与心理学的其他分支有着相同的基本前提：大脑产生人类的行为。特别是许多进化心理学家都赞同认知心理学家的观点，认为大脑与计算机的信息处理设备相仿。因此，他们认为大脑是从各种不同的感官获取、处理信息，然后产生行为反应的器官。

大脑的认知观表明，心理学的一项重要任务是识别构成大脑回路的程序。进化论的观点认为，大脑中的程序是自然选择进化的产物，当研究人员试图理解这些回路或路径时，这一观点能提供重要线索。

适应性与副产品

根据达尔文的理论，进化过程保留了让个体得以执行推动生存和繁殖任务的基因。这些任务——如寻找食物、躲避天敌等——被称为适应性问题，因此，适应性问题是指物种面临的影响其繁殖的所有困难。

因为自然选择是一个缓慢的过程，通常经过数百代或数千代才会发生显著变化，所以唯一重要的适应性问题是一个特定物种在其进化历史中反复面临的问题。如果某一问题只有几代面临，那么自然选择通常没有时间去选择解决这个问题的基因。

这表明，构成人类心理的程序之所以进化，是因为它们在人类进化史上帮助我们的祖先解决了问题。当然，如今人们可以做许多我们的祖先从未梦想过的事情，如驾驶汽车和飞机。但是，即使我们的大脑能够产生这些行为，让我们能够产生这些行为的系统并没有随着时间的推移而进化。确切地说，这些行为是认知系统的副产品，而认知系统是早期人类为执行生存所需的其他任务进化而来的。这些基因产生的行为带来了数不胜数的新行为和新技能这一事实，恰恰证明了人类大脑是多么灵活。因此，进化并没有严格的剧本，相反，它更像是一个形式库和行为库，有许多意想不到的用途。

生物学家乔治·威廉姆斯在《适应与自然选择》一书中详细阐述了认知进化的概念。他认为，进化的发生是因为一些生物的特征优于其他生物。随着时间的推移，在解决特定适应性问题时更有效的特征被选择出来，生物体因而可以更好地执行所需功能。例如，视力优于同类的生物会更容易捕食和躲避天敌，因此更有可能存活下来，并将更好的视力基因传递给下一代。这些生物经过自然选择以执行特定的重要任务的特征被称为适应性。

相比之下，副产品是适应性的偶然结果。例如，骨头是白色的这一事实并不是因为白色能使骨头更好地发挥功能，随着时间的推移自然选择的特征，而是因为磷酸钙（使骨骼强壮的物质）恰巧是白色的。

领域特异性

进化心理学中最重要的原则或许是领域特异性的概念，即进化倾向于创造"多器官"生物，每个器官用于解决特定的问题。例如，人类的肝脏用于过滤血液，肺部用于交换空气，肌肉用来进行运动等。

一名冲浪者在夏威夷的浪尖上。尽管这种特定行为不是进化的产物，但所需的技能，如平衡力和协调力，已经经过了数百代的进化。因此，进化有许多意想不到的结果。

要点

- 1859 年，查尔斯·达尔文出版了具有开创意义的《物种起源》。
- 1871 年，达尔文出版了《人类的由来及性选择》，在其著作《物种起源》提出的思想基础上，增加了富有争议的性选择和生殖选择理论。
- 1964 年，威廉·D. 汉密尔顿发表了他的亲缘选择理论。
- 1976 年，在爱德华·O. 威尔逊的著作《社会生物学：新的综合》遭到大量抗议后，理查德·道金斯撰写了《自私的基因》。
- 将进化论应用于人类行为的下一个重大里程碑是人类学家唐纳德·西蒙斯撰写的《人类性行为的演变》。
- 接下来十年的重要著作之一是丽达·科斯米德斯在 1985 年发表的论文《演绎法还是达尔文算法？四卡片任务中"难以捉摸"的内容效应的解释》（Deduction or Darwinian Algorithms? An Explanation of the 'Elusive' Content Effect on the Wason Selection Task），该论文探讨了"欺骗者察觉"。
- 20 世纪 80 年代的另一重要著作是心理学家马丁·戴利和玛戈·威尔逊撰写的《谋杀》。
- 1994 年，史蒂芬·平克凭借《语言本能》一书崭露头角。
- 《道德动物》一书是记者罗伯特·赖特对进化心理学的通俗论述，也于 1994 年出版。
- 1997 年，《民族学与社会生物学》（Ethnology and Sociobiology）杂志更名为《进化与人类行为》（Evolution and Human Behavior）。
- 1998 年，史蒂芬·平克出版了《心智探奇》。
- 1999 年，戴维·巴斯出版了首本进化心理学教科书。

这些器官之所以以目前的形式存在，是因为不同的问题需要不同的解决办法。

生物所选的特征完全取决于其生活方式。生物学家在自然界中进行了类似的观察：鸟为了飞行而进化出翅膀，鱼为了在水中生活而进化出鱼鳍等。达尔文在加拉帕戈斯群岛（Galápagos Islands）观察多种鸟类时，提出了他的发现。他注意到，鸟类有针对不同种类食物的喙：需要伸进浅缝觅食的鸟的喙又长又窄，而需要敲开坚果觅食的鸟的喙又短又粗，因为短粗的喙更适合完成这项任务。正是这一观察，即生物具有适合其生活方式的特征，引起了达尔文对进化本质的洞察。

进化心理学家认为，人类的大脑是按同一方式发育的，并且是以相同的原因。心脏和肝脏等器官需要不同的结构来完成不同任务——肝脏不能泵血，心脏不能滤气。同样，大脑中的通路必须能够解决不同类型的问题，而它们所解决的问题就是信息处理问题。

我们思考一下大脑中与视觉相关的通路。视网膜上的感光细胞将收集到的信息传递给大脑的特定部位，这就是感光细胞能做的一切。它们无法用于听觉、味觉或者决定约会对象。此类专门化通路不仅存在于知觉层面，进化心理学家认为，大脑的各个层面都由专门的通路组成。他们的核心假设是，大脑由大量的专门化通路构成，这些通路解决了我们的祖先在进化史中面临的适应性问题——寻找食物、躲避天敌、狩猎求偶等。

祖先的过去

当然，我们无法确切地知道人类的进化史，但我们可以根据考古学和人类学证据进行猜测。下一页的图片展示了经典的线性进化观点，但如今已被推翻。近几十年的发现表明，人类的族谱有许多不同的分支，尽管我们尚不清楚早期原始人进化至现代智人的确切轨迹。

人们普遍认为，大约 50 万年前，我们的祖先是狩猎者，他们生活在 50~150 人的游牧部落中，通过捕猎野生动物和收集可食用的植物、水果、坚果来获取食物。我们的现代生活方式，包括农业，从进化的角度来看是前所未见的，因此进化心理学家并不期望人们能在这些环境中有特定的适应性。相反，他们认为人类的适应性在原始环境中发挥得最好。

例如，在人类进化史中，狩猎是一项困难而又危险的大工程，因此肉类是稀缺的，难以获得。但是，由于肉类富含蛋白质，喜欢吃肉并且对之能食尽食的人会比不喜欢或吃不到肉的人储存更多的卡路里。因此，人们对肉类的渴望或许是十分具有适应性的。如今肉类供应充足，而我们遗传而来的对肉类的欲望导致了许多健康问题。

了解人类进化史的重要性正是进化心理学家与人类学家（研究人类的起源和本质）密切合作的原因。关于过去的信息有助于这些心理学家提出人类思维适应性的假设。如今，狩猎文化仍然存在于世界各地，为狩猎这种生活方式提供了更多的线索，尽管它们不应被视作祖先文化的复制品。对它们的研究有助于研究人员了解祖先的生活可能是什么样子的。

> 要了解现代人的思维方式，关键是要意识到思维的通路并非为解决现代美国人的日常问题而设计。
>
> ——图比与科斯米德斯
> （Tooby and Cosmides）

学习

人们通常认为用于研究行为的生物学方法没有为学习留出空间，这就是先天与后天之争持续良久的原因。纵观历史，人们趋于认为行为要么源于本能（生理或先天），要么源于学习（文化或后天）。同样，学者习惯于倾向两个观点中的某一方，争论哪个立场是正确的。然而，进化心理学家认为，生物的方方面面都是由基因和环境的相互作用产生的，因此，先天和后天本身都不足以解释行为。

语言的学习证实了这一点。婴儿出生时并不会说话，而是在生活中通过倾听和与成人互动获得了语言能力。不过，他们天生配备适应此目的的认知系统来学习语

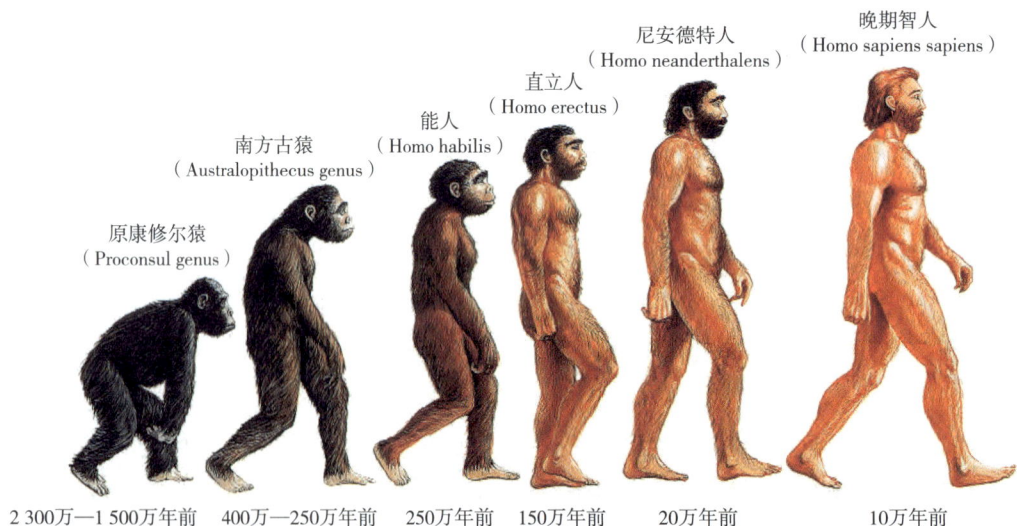

此图描绘了人类进化的经典观点：始于与非洲猿类相似的原康修尔猿，终于晚期智人（现代人），而期间的尼安德特人的位置尚不确定。然而，新的发现表明人类进化史要更为复杂。

言。基于语言学家诺姆·乔姆斯基的研究，史蒂芬·平克将该能力称为一种本能——表明学习语言这一特定认知能力是在人类历史中进化而来的。

进化心理学家将进化视为增加更多"学习的本能"的过程，这些额外的机制让生物具有更大的灵活性。该想法表明，学习机制可能有领域特定性（与大脑的特定功能相关），这与行为主义者所支持的一般学习机制的观点冲突。因此，正如乔姆斯基认为存在一个与生俱来的"语言器官"，进化心理学家也认为，其他"精神器官"的存在是为了学习和理解其他特定领域。

文化差异

对进化论的一个常见批评是它无法解释人们互不相同的原因，有些人甚至认为，行为的生物学解释是在假设人们是一模一样的。然而，这是由于人们对生物学的普遍误解，用一个简单的例子便能说明。我们可以想想老茧，即反复摩擦某皮肤区域所产生的多层死皮细胞。每个人都有相同的老茧产生机制，但是有些人的手、脚或其他部位会较其他人有更多的摩擦，正是这些人会长出老茧。所以，即使有相同的机制，但在有无老茧方面，个体之间仍然存在很大的差异。

进化心理学家认为人类大脑也是如此，并提出人类具有通用的认知设计（尽管男性和女性在某些方面可能有所不同）。然而，行为是可变的，因为人们成长于不同的环境。例如，每个人都有相同的语言习得机制，但所习得的语言完全取决于周围人所说的语言。因此，进化方法并不能预测统一的行为。进化心理学家认为，人类大脑由许多机制组成，这些机制以多种方式与环境相互作用，因此，即使人们生来就具有相同的进化机制，他们的行为方式也会因环境不同而产生很大差异。

进化研究

进化心理学在许多重要方面有别于传统方法，但最显著的差异或许是关于"大脑由许多针对特定领域的信息处理机制组成"的观点。该领域最初期的一个实验项目正确说明了此差异。

丽达·科斯米德斯对使用进化推理来研究人类的逻辑推理能力十分感兴趣。依据传统方法，逻辑推理能力是人类为数不多的一般认知能力。1985 年，为了完成博士论文，科斯米德斯使用了认知心理学家耳熟能详的实验——四卡片任务。她以对不

史蒂芬·平克

史蒂芬·平克是现代科学的伟大普及者之一，特别是在其畅销书《语言本能》《心智探奇》和《单词和规则：语言的成分》（*Words and Rules: The Ingredients of Language*）中，他让公众接触到进化心理学和语言习得领域。史蒂芬·平克于 1954 年 9 月 18 日出生在加拿大蒙特利尔（Montreal），最初就读于麦吉尔大学（McGill University），后于 1979 年在哈佛大学（Harvard）获得心理学博士学位，并曾在麻省理工学院（Massachusetts Institute of Technology）大脑与认知科学系任教。其主要研究领域为视觉认知和语言，但他的讲座内容也广泛地涉及进化问题。

同文化的历史研究所提出的观点为出发点，即社会交换（物物交换）在人类之间具有悠久的历史。因此，她认为人类会有一种交易所必需的特定认知机制：一种察觉自己被欺骗的能力，或是一种"欺骗者探测"机制。

科斯米德斯通过给实验对象相同逻辑推理问题的两个不同版本来验证她的假设。在一个版本中，问题是以社会交换的方式来表达的，而另一个版本则未以这种方式来表达。研究结果表明，当问题涉及社会交换时，人们擅于选择能够正确识别出欺骗者的答案，这与不涉及任何形式的社会交换问题的答案形成了鲜明对比。

科斯米德斯做了大量此类实验，通过严格的研究计划，她排除了对结果的各种其他解释。她用这种方式表明了其研究对象的良好表现不仅仅是因为他们熟悉问题，也不仅仅是因为社会契约使其思维清晰。简而言之，她为一种特定的认知适应性——欺骗者探测提供了证据，这表明欺骗者探测对人类生存十分重要，以至于我们从具有这种领域特定能力的祖先身上继承了欺骗探测能力，相比于无探测能力的祖先，这类祖先会繁衍得更多。

交配

进化心理学研究的另一个著名例子是戴维·巴斯对人类交配的研究，该研究以进化理论的一些观点为出发点。第一个观点是，在像人类这样的物种中，通常由雌性提供亲代抚育，雄性可以通过与大量雌性交配来提高繁殖成功率，而雌性与多个雄性交配并不会为其带来更多的后代。这一概念使巴斯怀疑雄性已经进化出与多个雌性交配的偏好。人类雄性繁殖成功的第二个重要因素是所交配的雌性的年龄。随着雌性年龄的增长，未来的生育数量或许会减少，因此，巴斯假设雄性会进化出对年轻雌性的偏好。最后，巴斯探讨了进化论对雌性偏好的预测。他推断，对雌性来说，重要的择偶因素是雄性在后代身上能够投入的资源量，并预测雌性会偏好表现出更强的资源获取能力的雄性。

巴斯通过调查来自 37 种不同文化的数千名受试者来验证其假设，试图证实他所预测的性别差异是否存在于跨文化领域。他与合作者一起向受试者发放调查问卷，询问他们的择偶偏好，所收集的大量跨文化数据为他的进化假说提供了强有力的支持。数据表明，在许多文化中，两性在择偶偏好上的差异是高度一致的。巴斯颇具影响力的著作《欲望的进化》在一定程度上确保了进化心理学和两性交配差异的跨文化研究被纳入许多大学的心理学课程。然而，评论界认为还有许多其他原因导致了他所研究的行为，如文化价值观和社会制约。

批评

进化心理学家因讲述无法验证的"假设故事"而受到批评，这指的是鲁德亚德·吉卜林（Rudyard Kipling）关于生物如何具有其特定特征的异想天开的故事。这些批评者暗示，进化心理学中的假设无法

人们可能不会有意识地根据生殖潜力或获取资源的能力来选择配偶，但研究表明，诸如此类的进化驱动的需求确实在我们选择配偶时发挥着重要作用。

四卡片任务

在对推理进行了几十年的研究后，由于仍无法对人们如何进行推理做出解释，20世纪60年代的研究人员断定人们具有一种心理逻辑。然而，1966年，英国心理学家彼得·沃森（Peter Wason）设计了著名的四卡片任务，他发现成年人经常犯可预测的逻辑错误。不过，当逻辑问题被置于特定种类的社会情境时，更多的人做出了正确的选择。丽达·科斯米德斯通过引入欺骗者探测的概念发展了这一理论，这一概念开始在有交易元素的社会情境中发挥作用。

阿林顿	波士顿	地铁	出租车
居民1	居民2	居民3	居民4

让我们试着解决如下问题。你读到一份有关剑桥居民生活习惯的报告，报告中写道："如果一个人从剑桥去波士顿，那么这个人会坐地铁。"上图的卡片中印有四位剑桥居民的信息，每张卡片代表一位居民，卡片的一面写着居民要去的地方，另一面写着居民去那儿的

方式。那么，你一定要翻转哪一张或哪几张卡片才能检验报告是否真实呢？

现在，我们试着解决如下问题。你在一家酒吧工作，工作内容是执行"如果有人喝啤酒，那么他必须超过18岁"的规定。下图的卡片印有四位顾客的信息，每张卡片代表一位顾客，卡片的一面写着顾客的年龄，另一面写着顾客的饮品。请指出你必须翻转哪一张或哪几张卡片，才能弄清这些顾客是否违反了规定。

可乐	啤酒	26	14
顾客1	顾客2	顾客3	顾客4

以上两个问题的正确答案均为必须翻转第二张和最后一张卡片。在第一个问题中，你必须弄清去波士顿的居民是否乘地铁，以及乘出租车的居民去了何处；在第二个问题中，你必须弄清喝啤酒的顾客是否超过18岁，以及14岁的顾客在喝什么。虽然两个问题在逻辑形式上完全相同，但多数人答错了第一个问题，而第二个问题要求你找出谁在作弊，大多数人的回答都是正确的。

被检验，因此是不科学的。然而，像（运用实验方法的）科斯米德斯和（运用调查技术的）巴斯的研究项目表明，进化理论可以用科学原理来检验。

抛开未来的宏伟大事不谈，我们仍将试图用大脑来理解这一切……大脑的功能是交配、进食和嗅闻玫瑰。

——罗伯特·L. 索尔索

（Robert L. Solso）

进化论思想曾用于为政治议程辩护，另一个误解便与此事实相关，这体现了对科学的基本误解，通常被称为"自然主义谬误"。作为一门科学，进化心理学或许能够让我们洞悉人性，但它无法告诉我们什么是"好的"或什么应该是"好的"。

进化心理学家也因认为人们想尽可能多地繁衍后代而备受指责，这是因混淆进化而产生的另一种曲解。事实是性状选择导致了繁殖成功，而不是对数量优势的刻意追求。人类思维由具有历史适应性的机制组成，在现代环境中，这些机制可能会产生很多影响，有些是适应性的，有些则可能是非适应性的，如人类对肉的喜爱。

最后，有些人认为进化心理学理论暗示着遗传决定论，即行为是不可改变的，因为它完全取决于遗传的影响。而实际上，进化观点认为，基因创造的行为适应性导致了灵活可变的行为。因此，进化是生物体变化的过程，使它们能够对环境做出更具适应性的反应。

未来

心理学作为一个领域，一直难以接受行为研究的进化方法，但这一情况正在改变。一些美国大学现在开设了进化心理学专业，并已为进化心理学课程编写了教材，政治学和经济学等相关学科的科学家也开始将进化论思想纳入研究。目前，研究人员正在使用进化思想研究诸如推理、语言、情绪、交配、暴力、演化医学、经济行为和美学等领域。